Idea man

Idea man

日本全能邏輯圖解大師的
超·邏輯思考工作術
突破自以為是的盲點，48個工作向上的最佳對策

日本全能邏輯圖解大師／
芝浦工業大學研究所教授
西村克己——著
簡琪婷——譯

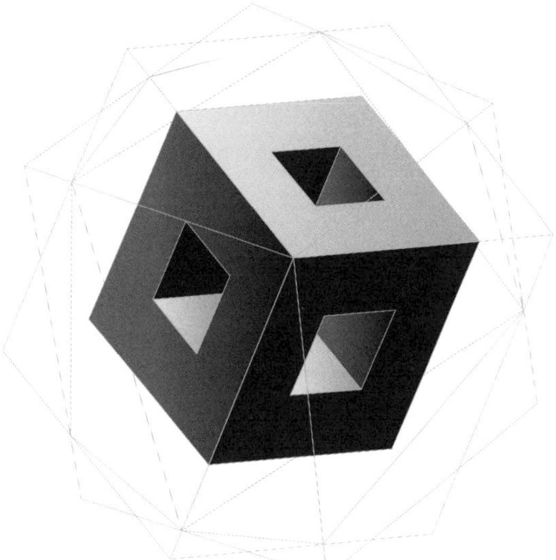

你屬於哪一型？

憑感覺工作

非邏輯人

依照邏輯工作

邏輯人

非邏輯人邏輯人 類型診斷

1	向主管報告時，經常被指謫缺失	YES／NO
2	挨批看待事情的眼界過於狹隘（或自認為如此）	YES／NO
3	接到新的工作時，對於該如何進行毫無頭緒	YES／NO
4	經常缺乏靈感或想不出解決對策，以至於工作停擺	YES／NO
5	即使手中握有資訊，也不知該如何整理	YES／NO
6	當天的工作滿檔，為了例行業務忙得焦頭爛額	YES／NO
7	永遠有處理不完的工作，或對於工作缺乏成就感	YES／NO
8	曾有過交件延誤，或是忘記交件期限而導致延誤的紀錄	YES／NO

9 拙於安排事情的先後順序 YES／NO

10 腦中的資訊處於糾結混沌的狀態 YES／NO

11 一旦被要求寫出數千字的報告等便傷透腦筋 YES／NO

12 拙於撰寫企劃書或報告 YES／NO

13 原本就不擅長寫作 YES／NO

14 與人交談時，苦於尋找話題 YES／NO

15 與人交談時不愛點頭應答，或不善於答腔 YES／NO

16 面對群眾發言時便緊張不已（或感到怯場） YES／NO

17 挨批說話總是沒完沒了 YES／NO

18 挨批不知所云（連自己也搞不清楚） YES／NO

19 與人交談時，往往十分在意對方的反應而無法專注 YES／NO

20 連簡短的發言都不知該準備什麼內容，也不知如何準備 YES／NO

YES超過八個的人，屬於非邏輯人。
你是否一向**憑感覺**執行工作呢？
YES超過十四個的人，已經病入膏肓了唷。

最近的工作狀況如何？是否一帆風順？

若感覺**遇到瓶頸**，
不妨試著依照邏輯執行工作吧。
工作將變得更加**得心應手**唷！

ＹＥＳ在七個以內的人，屬於邏輯人。
ＹＥＳ在三個以內的人，工作相當如魚得水吧。

比起非邏輯人，你肯定**更獲主管好評**。

這樣的你只要學會本書的**邏輯式工作法**，
工作績效將能大幅提升。

無論你是非邏輯人，還是邏輯人，
讓自己更上層樓的機會來了！

前言——理解邏輯式思維及做法，工作才能如虎添翼

二十個問題的診斷結果如何？

ＹＥＳ達八個以上的人已經病入膏肓，正是所謂的「非邏輯人」、「感性派」。他們腦中的資訊複雜地糾結成一團，若以街道做比喻，就如同巷弄錯綜複雜的歐洲老街規劃一般，街道狹窄，不知通往何處，或看不見前方，有時還會遇到死胡同而動彈不得。

然而，由於不知自己目前身在何處，所以他們不停地於原處打轉。雖然拚命地四處尋找出口，但卻是白費力氣。他們絕對沒有偷懶，為了尋找出口而汗如雨下，不過終究還是迷了路。

ＹＥＳ在七個以內的人，即為「邏輯人」。他們凡事皆以邏輯思考，並依照邏輯執行工作。就旁人眼裡看來，他們往往顯得工作幹練，而且手腳俐落。

若以街道做比喻，正如同平安京（日本於西元七九四年至一八六八年的首都，位於目前的京都）及札幌的街道規劃一般，主要道路分東西南北走向，街道呈直角交錯。由於街道皆有編號，因此他們十分清楚目前所在位置。畢竟不會迷路，所以工作也能有所進展，或許還懂得如何把話說得淺顯易懂。

此外，ＹＥＳ少於三個的人，正是所謂的「超邏輯人」或「理性派」。他們是腦筋靈活的理論家，凡事往往以邏輯歸納處理，因此工作步調應該相當明快俐落。不過由於他們有時會以邏輯批評他人，所以周遭非邏輯人的內心，或許全都傷痕累累。

若以街道做比喻，正如同「高速公路」一般。他們不僅工作快速敏捷，而且能毫不費力地完成任務。不過，一旦工作能力太強，恐怕紛紛受周遭所託，導致工作量只增不減。偶爾也要讓主管知道「自己做得很辛苦」，否則當心陷入窮忙的窘境。

本書分為六個章節，內容架構如下。

第一章是「防堵主管打槍的思考術」。如果無法以邏輯思考，將出現盲點。比方說只想到優點，卻沒顧慮到風險等缺點。遭主管指謫盲點時，為了避免答得語無倫次，務必注意ＭＥＣＥ原則（毫無缺漏和重複的狀態）。

第二章是「避免無謂加班的時間管理術」。只要依照邏輯執行工作，便能讓白費力氣的可能性降到最低；若學會拿捏輕重緩急、掌握執行效率的技巧，將十分受用。

第三章是「讓人甘拜下風的創意動腦術」。我們每天都在設法解決問題，要是想不出解決問題的對策，或是缺乏靈感，就只能維持現狀，無法進步。資訊一旦蒐集到手就得加以整理，資訊整理法也有助於工作的高效執行。

第四章是「製作資料得以意到筆隨的寫作術」。凡是不善於寫作的人，頭一步就得學習寫作術。撰文之前，不妨先列出目次吧。如果未於目次階段敲定撰寫的內容，將無法寫出長篇大論。

第五章是「口拙卻不語塞的交談術」。是否有人總是為了尋找話題而傷透腦筋？是否有人因為不太健談而感到自卑？健談的人就是善於傾聽的人，只要努力成為善於傾聽的人，便可擺脫逃避與人交談的心理。

第六章是「讓對方認同的說服術」。是否有人很怕面對群眾發言？只要把心態轉換成「好想表達！」、「聽我說！聽我說！」，便不會感到怯場。有種名為金字塔結構的邏輯式說服用故事，若能學會說這種故事，就不會再為了上台發言而傷透腦筋了。

本書中有許多「非邏輯人」與「邏輯人」登場，請看他們在各種狀況下分別採取什麼樣的行動？有哪些行動不妥？該怎麼做才符合邏輯？

「非邏輯人」不妨揮別感性，當今是理性的時代，如果人腦沒跟著理性化，將變成食古不化的腦袋。

「邏輯人」因已具備基本素質，只要再次理解邏輯式思維及做法，也能於實務上展現成效。

至於「超邏輯人」，則請翻閱自己需要的部分即可。針對以往無意中採用的思維和做法，若能系統性地加以理解，簡直就是如虎添翼。

本書謹獻給煩惱於「為何如此努力卻得不到好評？」的人。

西村克己

2章 避免無謂加班的時間管理術

3章 讓人甘拜下風的創意動腦術

4章 製作資料得以意到筆隨的寫作術

5章 口拙卻不語塞的交談術

6章 讓對方認同的說服術

第 1 章

防堵主管打槍的思考術

CASE 01

出差後的另一件工作——撰寫出差報告

—遭到指正便語無倫次的非邏輯人

非邏輯人不愛出差，因為他討厭提交出差報告。看過出差報告的主管，總會向他提出各種問題，比方說「客戶的反應如何？」、「今後打算如何經營客戶？」等，問題接二連三。對於出差回來已疲憊不堪的非邏輯人而言，這些問題簡直是痛苦的折磨，因此他最痛恨出差。

非邏輯人說法

可惡的主管，幹嘛事挑芝麻蒜皮的小事找碴嘛！

凡事都愛吹毛求疵，真是可惡的主管。我從出差前就覺得胃痛了，何必問那種芝麻蒜皮的小事嘛……真希望現任的主管趕緊調職，囉嗦的主管實在太難搞了。

被主管誇獎調查得十分徹底的邏輯人

邏輯人的公司同樣得於出差後提交報告。一旦決定出差，邏輯人便會把出差目的寫在記事本上，並事先備妥出差當地所需的資料。

出差回來後，他會於撰寫報告之前，先確認事前寫下來的出差目的，然後再一邊推敲主管希望知道哪些資訊，一邊記下自己想到的重點。此外，他還會撰寫出差報告的目次，以避免遺漏重要的資訊。完成這些步驟後，最後才陸續補上具體的內容。每當他把出差報告交給主管，總會被誇獎這趟出差充滿實質意義。

邏輯人說法

因為事先調查過主管可能指謫的部分

凡事首重目的。一旦確認目的後，就要毫無缺漏和重複地整理必要的調查與資訊，以求達成目的。尤其要是遺漏主管想要的資訊，當然會遭到責問。為了免於如此，必須事先調查主管想要的資訊。清除主管可能打槍的盲點，正是避免遭到指謫的訣竅。

切記！
邏輯思考
錦囊

清除盲點的MECE思維

◆以MECE原則掌握整體性，為達成目的的第一步

非邏輯人之所以遭主管打槍，就是因為他的報告有所缺漏。為了免於如此，最好具備所謂「MECE原則」的概念。MECE原則，即為毫無缺漏和重複的狀態。一旦有所缺漏，就會產生盲點。打個比方來說，要是只想到優點，卻漏了風險因應對策，恐怕會遭遇意想不到的失敗。

另一方面，如果有所重複，將產生浪費與混亂。打個比方來說，要是東京分公司和橫濱分公司雙雙把川崎地區（位於東京與橫濱之間的城市）納入自己的負責區域，將導致什麼結果呢？客戶恐怕搞不清楚該洽詢哪一家分公司吧？此外，對分公司來說，雙方的營業費用彼此重複，而且還可能互相對立。就公司整體看來，這就屬於浪費及混亂。

無論什麼工作，頭一個步驟就是確認目的。目的一旦確認，便要以MECE原則進行整體性的彙整。以前述分公司個案為例，目的正是敲定東京和神奈川（橫濱屬於神奈川）的負責區域。分配各分公司的業務涵蓋範圍時，務必避免管轄區域的缺漏和重複。

◆落實MECE原則後，便要安排先後順序！

接下來，各分公司必須思考在自己的負責區域中，應以何處為重點區域。舉例而言，東京分公司可能會把企業總部密集的二十三區設定為重點區域。諸如此般，一旦以MECE原則進行整體性的彙整後，接著就得安排先後順序。

如果能加以數據化，MECE原則將變得容易落實。以年齡層區分為市場分類的方式之一，由於年齡屬於數值，因此能輕易分類。無法加以數據化時，該如何以MECE原則分類，則得各憑本事。重要的是為了培養整體性觀點，務必養成時時以MECE原則掌握整體性的習慣。

以MECE原則培養整體性觀點吧

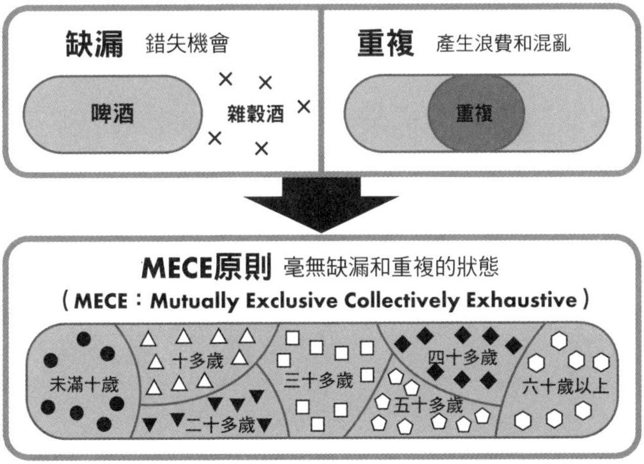
缺漏　錯失機會
啤酒
雜穀酒
重複　產生浪費和混亂
重複
MECE原則　毫無缺漏和重複的狀態
（MECE：Mutually Exclusive Collectively Exhaustive）
未滿十歲
十多歲
二十多歲
三十多歲
四十多歲
五十多歲
六十歲以上

CASE 02

部門內部意見分歧！該如何表達意見呢？

強調優點，大力推薦的非邏輯人

會議中針對今後的營業方針，展開熱烈的討論。經過濃縮篩選，最後剩A、B兩案待決。

非邏輯人認為務必採行A案，於是製作了多達十頁的提案書，以說服大家A案有多麼出色。然而，他卻遭主管和同事反駁：「你的意見太過於偏頗了。」、「你的說法太主觀，無法認同。」

非邏輯人說法

真是個死腦筋的主管！為什麼就是搞不懂呢？

A案明明這麼棒，為什麼主管不認同？真是個頑固的主管。同事們也都跟我作對，聯手批評我，我絕不原諒他們。如果大家那麼嫌棄A案，那就選B案吧。隨便哪一案都無所謂，我懶得管了。

先比較兩案的優缺點，再加以建議的邏輯人

營業會議中針對今後的營業方針進行討論，經過濃縮篩選，最後剩A、B兩案待決。為了釐清哪一案比較好，邏輯人決定比較兩案的優缺點，其中缺點也包括風險問題。他先著手歸納比較兩案的切入點，比方說市場的大小、經營資源的活用度、新客源開發的難易度等，總共整理出十個項目以比較兩案的優缺點。

最後的結果，A案脫穎而出，不過B案也有相當吸引人的部分。於是他把A案稍加改良，然後力推A案。這是個同時納入部分B案優點的方案。

邏輯人說法

客觀的評論，必須經過優缺點的比較

再出色的方案也有其優缺點。就算不顧這些，執意力推其中一案，也不易得到贊同吧。基於此故，我特別明列優缺點加以比較，如此一來，便可清除盲點。只要能像這樣比較兩案，然後採納雙方的優點，構想新的方案，我想大家也比較容易認同。

切記！
邏輯思考
錦囊

落實正反兩面思考，盲點將蕩然無存

◆MECE原則的訣竅就是以正反兩面搭配思考來清除盲點

為了以「毫無缺漏和重複的狀態」，亦即秉持ＭＥＣＥ原則，毫無盲點地掌握整體性，應該怎麼做才好呢？那就是表裡一併考慮，換言之即為正反兩面搭配思考。邏輯人著重的優缺點比較，正屬於正反兩面搭配思考。只要能搭配思考正反兩面，盲點將蕩然無存。正反兩面搭配思考的代表範例，諸如「內在／外在」、「軟體／硬體」、「正面因素／負面因素」等。

我們通常會關注眼前的事物，但針對視線以外的事物則顯得漫不經心。舉例而言，認為「要是生產這樣的產品，應該會大賣吧？」的人，有時會欠缺「該怎麼賣？」、「這麼做能賺錢嗎？」等行銷觀點。為了免於如此，務必搭配思考「生產／銷售」正反兩面，藉此讓眼界更為開闊。

經過正反面思考後，接著思考「有無其他缺漏之處」。把著眼點移往「目前考慮範圍之外的部分」，將能發現缺漏和盲點。

◆以反向思維拓寬眼界吧

以兩種觀點進行觀察的行為，稱為複眼思考。一百八十度正反兩面搭配思考的複眼思考，最能拓寬我們的眼界。舉例而言，在啤酒市場上，雜穀酒的競銷一度相當激烈，但隨後因薄利多銷而出現疲態。這時啤酒業界轉換思維，決定推出再貴也能賣出去的頂級啤酒，結果成功開發出即使昂貴，也想暢飲美味啤酒的客層，以及購買頂級啤酒送禮的需求。

只要以反向思維著眼盲點，也極有可能挖到深藏已久的礦脈。

MECE原則的訣竅為思考「正反兩面」和「其他面向」

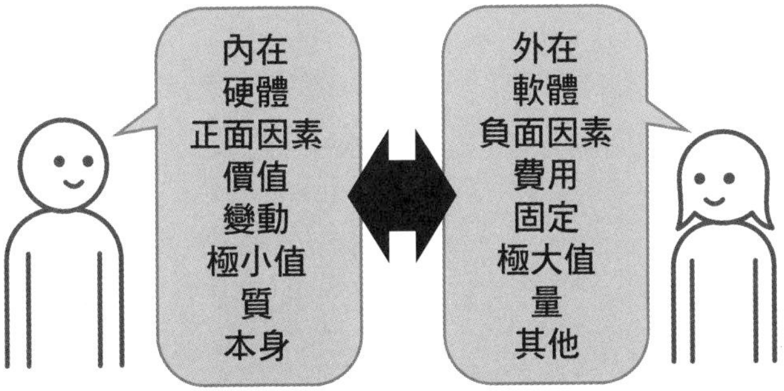
內在
硬體
正面因素
價值
變動
極小值
質
本身
外在
軟體
負面因素
費用
固定
極大值
量
其他

反向思維＝藉由一百八十度正反兩面思考來**察覺盲點**

CASE 03

主管突然向自己徵詢意見時

提出的方針相當明確，不過卻缺乏說服力的非邏輯人

非邏輯人最怕主管向他徵詢意見。打個比方來說，前幾天主管問道：「為了擴增業績，你認為應該走高價路線，還是低價路線？」雖然非邏輯人回答：「應該降價，以增加銷售量。」但主管又繼續追問：「為什麼？」於是他開始語無倫次，並立即改變意見說道：「不然漲價好了。」結果主管變得更加煩躁不悅。

非邏輯人說法

突然問我意見，很令人困擾耶！

所以說我最怕主管向我徵詢意見。因為他問我：「應該漲價？還是降價？」所以我就針對問題作答，他何必這麼生氣？主管肯定不喜歡我，我和現任主管實在不太合拍。

提出數個方案，然後建議其中一案的邏輯人

主管經常向邏輯人徵詢意見。某天主管問道：「為了擴增業績，你認為應該走高價路線，還是低價路線？」結果他提出三個方案，同時開始說明：「有三種選擇性，第一是走高價路線，優缺點如下。」接著又說：「第二是走低價路線。」、「第三是同時準備高低價路線的產品，如此一來，一網打盡高低收入客層的可能性將大幅增加。」

最後，他做出總結：「我建議採用第三個方案。」

邏輯人說法

只要先想好備案，將能找到更棒的解決對策唷！

主管向我徵詢意見時，我總會提出積極方案Ａ、消極方案Ｂ、居中方案Ｃ等三種方案。如果Ｃ案的內容能納入Ａ、Ｂ兩案的優點，將更具吸引力。就算貿然力推：「這個方案比較好。」主管勢必提出反駁，畢竟主管自己也相當苦惱。為了整理主管的腦袋，不妨提出三種方案加以說明吧。

切記！
邏輯思考
錦囊

讓MECE原則容易落實的三面探討

◆清除盲點的簡單訣竅就是「上・中・下」的搭配組合

清除盲點的簡單訣竅，就是正反兩面搭配思考，諸如「昂貴／便宜」、「大／小」等。不過，若還能加上居中的觀點，MECE原則將能落實得更徹底。比方說「上／中／下」、「松／竹／梅」等。所有狀況全都適用「上／中／下」的搭配組合，在此以乍看不錯的評論家說法為例，說明如下。

主持人：「今年日本的經濟狀況如何？」

評論家：「日本經濟應該會成長吧，但僅限於中國經濟繁榮之時。要是中國經濟低迷，日本經濟也將隨之衰退。不過請大家放心，只要美國經濟繼續保持穩定，日本經濟應得以持平。」

乍看之下，這段發言似乎言之有理，不過這位評論家並未做出結論，只表達出經濟狀況將屬於「上／中／下」的「其中某一種吧」。不過這種「上／中／下」的搭配組合，應用範圍十分廣泛，請務必嘗試看看。

◆以三種備案揮灑創意

　　也可以比照邏輯人的做法，提出「積極方案／居中方案／消極方案」。

　　啤酒市場上，無酒精啤酒的人氣很夯，隨後則推出了酒精含量高達百分之七的啤酒和沙瓦。此外，酒精含量介於上述兩者之間，濃度百分之三的沙瓦也跟著上市。這類酒精含量居中的商品，深受年輕人及女性客層喜愛。

　　要是解決對策只有一種，將陷入「做或不做」的爭論。為了擴增業績，主管只想到一種解決對策，不是走「高價路線」，就是走「低價路線」。對他而言，提出三種方案的邏輯人，應該是相當可靠的部下吧。

清除盲點的簡單訣竅就是「上・中・下」

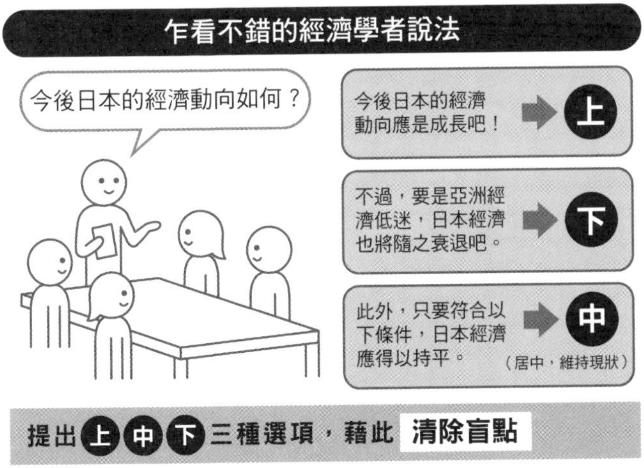
乍看不錯的經濟學者說法
今後日本的經濟動向如何？
今後日本的經濟動向應是成長吧！
上
不過，要是亞洲經濟低迷，日本經濟也將隨之衰退吧。
下
此外，只要符合以下條件，日本經濟應得以持平。
中
（居中，維持現狀）
提出上中下三種選項，藉此清除盲點

CASE

04

某公司的新商品企劃會議

光談細節，無法說明提案全貌的非邏輯人

主管要求非邏輯人提出新商品企劃案。由於他靈光一閃，想到了附帶劃時代機能的新產品，因此將構想寫成企劃書，然後向主管報告。

然而主管相當不悅，接二連三逼問：「這項機能對顧客有何幫助？」、「目標客層究竟是哪些人？」、「製造成本和銷售價格如何設定？」等，結果非邏輯人的提案就此慘遭退件。

非邏輯人說法

我可是絞盡腦汁才提出這個企劃案，為什麼主管無法理解？

我明明想到了附帶劃時代新機能的新產品，為什麼主管無法理解？真希望他能多發揮一些想像力，仔細聽我說明。針對這項新機能，我不僅自信滿滿，而且肯定能夠實現。為什麼主管就是不懂呢？真令人洩氣。

先呈現提案全貌，再詳加說明的邏輯人

邏輯人於思考新產品前，往往先進行市場調查。除了調查顧客需求、收集數據外，還會蒐集公司原本已有的資訊，以減輕市場調查的負擔。此外，他也會大略擬定「目標客層是哪些人？」、「販賣價格帶為何？」、「每月業績目標大約多少？」等，一切準備就緒後，再構想三個新產品方案。

雖然每個方案都是邏輯人的自信之作，但他打算先向主管報告，聽取主管針對這三個方案的看法，最後再整合歸納出自己首推的新產品方案。

邏輯人說法

說明新的企劃案時，應該先呈現提案全貌

要是沒有具體掌握提案全貌，不僅自己的想法變得支離破碎，聽眾更是聽得一頭霧水。若為新產品提案，就不能只構想產品本身，行銷策略和成本也十分重要。為了不致迷失「新產品發售」的全貌，製作讓提案全貌一目瞭然的資料，效果也很不錯。只要把這份資料拿給聽眾過目，對方將可輕易理解提案全貌。

切記！
邏輯思考
錦囊

為了培養整體性觀點，思考應由極大值到極小值

◆先進行整體說明，再進行局部說明

我們很容易陷入一種狀況，就是只顧著說明細節，卻疏於表述提案全貌。打個比方來說，就如同本案例的非邏輯人，他在提報企劃案時，似乎從頭到尾都在說明具備「優異機能」的新產品。

凡事首先該思考的重點，就是目的的明確化，這可謂基本原則。根據不同目的，整體的定義也隨之相異。舉例而言，當思考全公司的問題和部門內的問題時，所認知的整體範圍便彼此相異。

確認目的後，則由極大值思考到極小值。所謂極大值為整體和大綱，極小值即為局部和細節。要是聽眾處於迷失整體性的狀態，就算針對局部加以說明，他們也無法理解。

著手新的企劃案時，請先思考提案全貌，然後再仔細進行局部規劃。此外，向對方說明時，也要從全貌開始說起。只要事後再針對細節說明，將可大幅提升聽眾的理解程度。

◆讓整體與局部的關係時時清楚明確

以一張PowerPoint簡報製作會議資料的公司與日俱增。若能把資訊全塞進一張簡報中，將可一覽全貌，因此必須把資訊濃縮到只剩必要部分。無法塞進這張簡報裡的詳細資料，不妨根據需要，以附件方式另行分發。

除了會議資料外，諸如企劃書或報告等，若分發一張可一覽全貌的資料，也能提升聽眾的理解程度。對資料製作者而言，這種做法還有助於檢視有無遺漏重要的說服用說法、確保資訊間的整合性、確認整體的故事性等，可謂好處多多。

思考應由極大值（整體）到極小值（局部）

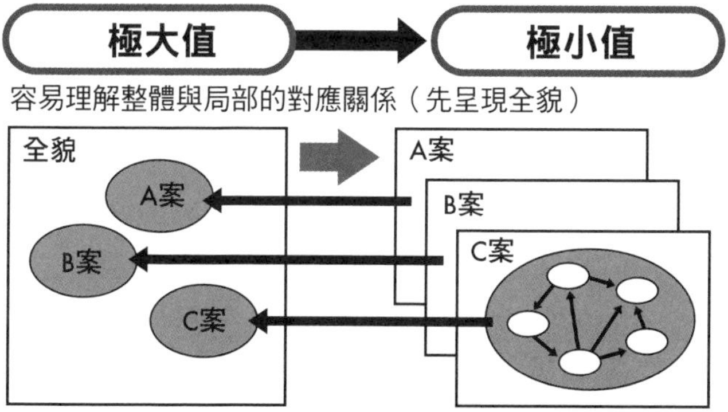
極大值
極小值
容易理解整體與局部的對應關係（先呈現全貌）
全貌
A案
B案
C案
A案
B案
C案

●整合為一的頁面和局部各頁若能彼此對應，將令人一目瞭然。
●如果加上記號來對應，更容易讓人理解。

CASE 05

主管若問「那件事進度如何了？」該怎麼回答？

回答「我正在積極處理」的非邏輯人

非邏輯人最討厭主管問他工作進度。「那件事進行到哪裡了？」這句話是主管的口頭禪。

由於前幾天主管也曾問過進度狀況，因此非邏輯人答道：「我正在積極處理。」結果他遭主管訓斥：「為了提高工作效率，進度狀況必須完全透明化！」一直以來，非邏輯人老是像這樣被主管追問工作進度。

非邏輯人說法

我正在積極處理，安啦，真是性急的主管耶！

我保證遵守期限，別一直來問我進度嘛。雖然我偶爾有所延誤，但那是不可抗力因素使然，不是主管突然交辦雜事，就是接了電話後，便搞不清楚事情做到哪裡……每次主管一找我，我就覺得好煩。

連具體的完成時間都能清楚交代的邏輯人

以前主管也經常詢問邏輯人工作進度，不過，當時他立即根據事先備妥的條列式工作步驟清單，向主管報告進度狀況。比方說「①蒐集資訊（兩小時）②整理問題點（一小時）③擬定方針（一小時）④製作具體方案（兩小時）⑤撰寫報告（三小時）」，以這種方式安排執行步驟，並製作條列式清單，還附註所需時間。要是主管詢問：「進度如何？」他便根據這份清單向主管說明。針對完成的工作項目，他會打勾註明，因此可一目瞭然工作進行到哪裡。或許主管也很放心把工作交代給他吧，最近都不再過問他的工作進度了。

邏輯人說法

只要事先排妥工作進行步驟，便能輕鬆搞定進度控管！

我並不是為了讓主管放心，才製作條列式清單，而是為了讓自己確實掌握「該怎麼進行效率較好？」、「目前進行到哪裡了？」、「還要多久能全部完成？」等，才實施進度控管。只要以步驟拆解工作，針對應該執行的內容，將有具體的概念。要是再註明預計的所需時間，便能推估工作完成的時間，因此這個方法相當好用唷。

依步驟思考的流程式思維

◆以步驟和時序進行思考，就能符合ＭＥＣＥ原則

要達到「毫無缺漏和重複的狀態」，亦即落實ＭＥＣＥ原則的方法，就是正反兩面思考。還有一種落實ＭＥＣＥ原則的方法，就是以步驟和時序整理資訊。就時間來說，「過去／現在／未來」正符合ＭＥＣＥ原則。

以步驟和時序進行整理，稱為流程式思維。一旦以步驟和時序的流程進行整理，不僅能提升工作效率，也不再有嚴重的疏漏。一般通用的流程，正如邏輯人的做法，以「步驟一／步驟二／步驟三」的方式編號，至於步驟的個數，則以三到五個最為常見。

比方說撰寫企劃書並申請批准時，也必須進行資訊的蒐集等。若把這件工作拆解為「步驟一：設定主題」、「步驟二：蒐集資訊」、「步驟三：製作企劃大綱」、「步驟四：撰寫企劃書」、「步驟五：報告企劃內容和申請批准」，各位認為如何？只要以步驟和時序拆解工作，將比較容易想像該做什麼事。

◆掌握基準時間吧

凡是能掌握自身「基準時間」的人，即為控管時程的高手。所謂基準時間，就是完成該項作業原則所需的時間。比方說「撰寫報告五頁需要兩小時」，諸如此般地掌握自己的基準時間。

剛開始無須在意基準時間的精確度，精確度可因次數的累積而漸漸提升。先預估可能花費多少時間，待實際測試後，便能自知與預估的差距。藉由反覆進行這個動作，即能提高精確度。基準時間的第一步，就是從暫定所需時間開始。

以步驟和時序的流程進行思考，就能符合MECE原則

只要掌握每項工作的基準時間，便能輕易控管時程。

例
撰寫報告五頁→兩小時
製作圖解一張→繪製草稿五分鐘、完稿二十分鐘
製作報價單一份→二十分鐘
撰寫出差申請書→五分鐘

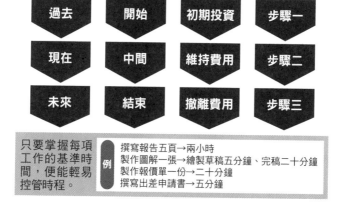

CASE

06

若要著手進行新的專案該怎麼辦？

雖有徹底探討細節，但事後的修改卻不少的非邏輯人

非邏輯人所屬的資材部受命實施業務的效率化，一年後必須將人力編制由目前的二十名減半至十名。非邏輯人成為這項專案的負責人，由他帶頭推動改革，然而他卻提不出解決對策。雖然他向專案成員徵求意見，並逕自從中濃縮篩選出效果似乎不錯的方案，不過共有十個，實在太多。究竟該如何濃縮篩選才好呢？非邏輯人為此苦惱不已。

非邏輯人說法

不知該從何處著手……

人力減半的目標肯定不可能達成嘛。獲選擔任專案負責人，也只能說自己倒楣透頂。就算是效果似乎不錯的方案，也要實施一年以上才可能達標，總之辦不到啦，看來我只能趁早向本部長哀求，放棄負責這個案子。

先擬定方針，再思考改革方案的邏輯人

換個場景，如果是邏輯人遇上同樣狀況，將會如何因應呢？他分析了各項工作內容的業務量。結果，他發現大部分的時間都花在訂貨業務、庫存管理、帳務處理上，由此可見，資訊系統必須徹底改革。舉例而言，如果資材的訂貨業務能改為自動化，便能減少負責訂貨業務和庫存管理的人員。

為了規劃徹底的改革方案，邏輯人認為必須具備「整體性構想」。他以「透過導入新的資訊系統，達到資材業務的自動化」為改革後的基本方針，撰寫改革用的企劃書，並進行交涉以爭取預算。

邏輯人說法

進行改革時，整體性構想和基本方針十分重要！

如何擬定改革的整體性構想和基本方針極為重要。美國把改革的整體性構想稱為願景計畫（grand design），此外，基本方針則稱為概念（concept）。不過，這些名詞目前在日本並未普及，因此無法順利推行徹底的改革。這次的改革，也必須從整體性構想來進行思考。

切記！
邏輯思考
錦囊

執行新工作時不可或缺的步驟——企劃・設計・實施

◆工作執行方式的基本為何？

如同邏輯人打算從擬定整體性構想著手一般，執行工作時由極大值做到極小值，也能提高工作效率。若轉換成工作步驟，即為「大綱・細節・具體化」、「企劃・設計・實施」。

頭一個步驟「企劃」，就是要撰寫企劃書。整體性構想的明確化及概念擬定，為企劃書中不可或缺的內容。如果是商品開發，新商品的概念擬定與規格表，即屬於企劃的範疇。其次的「設計」，就是執行計畫，諸如推廣計畫書等，即屬於設計。至於「實施」，則為以執行計畫為基礎的執行。若為商品開發，即包括調度零件、開發樣品，以及完成最後進入生產線之前的前置動作。

有一種被廣泛運用的工作執行方式，稱為階段劃分。設計進一步劃分成基本設計和細部設計，實施則進一步劃分成調度製造和導入運用。換言之，「企劃・基本設計・細部設計・調度製造・導入運用」的五個分段，就是專案執行的階段劃分。

◆不要馬上著手細部設計或局部規劃

在此以商品開發為例思考看看。如果貿然著手細部設計，或許能開發出改良現有產品的新商品。打個比方來說，我們能讓手機提高相機畫質，或是減少數公克，變得更輕。不過，一旦從細部設計著手，將如同「由加拉巴哥型手機（只適用日本市場，無法與外部互聯的手機）變成智慧型手機」一般，難以徹底轉換思維。

為了能轉換思維，必須由企劃階段著手。要是貿然進行細部設計或局部規劃，就算能達到改善的程度，也會變成只是維持現狀，無法落實改革。

由極大值到極小值的運用
「企劃・設計・實施」、「大綱・細節・具體化」

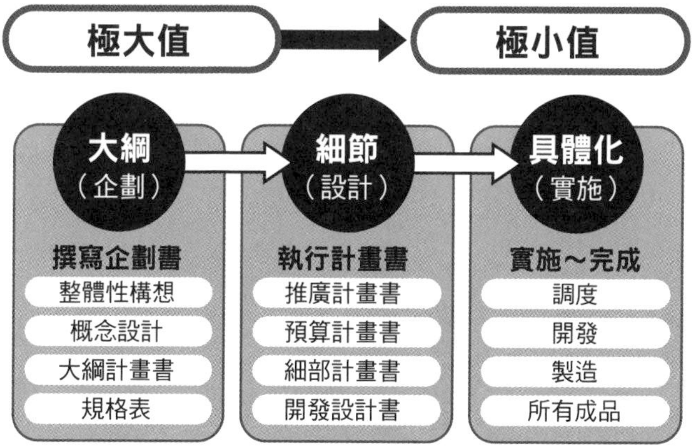

CASE 07

成為帶頭進行改革的人物！

對於從何處著手毫無頭緒的非邏輯人

非邏輯人為資材部人力減半專案的負責人。他和本部長商量的結果，決定以「透過導入新的資訊系統，達到資材業務的自動化」為改革主軸，至於目標則維持不變，為資材部人力減半。然而，他卻不知該從何處著手。資材管理的資訊系統早已開工運轉，現在才要進行改革的話，該改革什麼、如何改革，他根本毫無頭緒。如果就此直接架構新的資訊系統，處理速度頂多變得稍快一些而已。

非邏輯人說法

我沒有進行改革的經驗耶，別為難我了！

畢竟是改革，應該能把人力減少一半左右吧，但是我毫無改革經驗耶，我總覺得自己被所謂改革的名義給耍了。再怎麼努力都沒用，乾脆整個發包給某家公司進行算了，拜託饒了我吧。

先整理基本方針，再進行思考的邏輯人

如果邏輯人身為人力減半專案的負責人，他會如何動手執行呢？針對如何才能達到人力減半的高門檻目標，他決定先思考三個訴求改革的基本方針（概念）。透過業務量的分析，他已釐清大部分的時間都花在訂貨業務、庫存管理、帳務處理上。

於是，他擬出以下三個基本方針：庫存管理與必要資材的「單一控管」、根據生產計畫預估資材需求量，並補充庫存的「自動訂貨」、透過「無紙化」大幅減少核對傳票的作業。結果這些方針全數獲得本部長的核可，已展開執行。

邏輯人說法

只要以三個切入點擬定方針，將不再有嚴重的缺漏

凡是聽到基本方針的人，如果感覺是「似乎能順利進行耶」、「對於改革的方向性好像有概念了」，這就是可行的基本方針。只要嚴選三個改革的關鍵重點，然後提出來就行了。活用網路的話，資訊的單一控管和無紙化都不是難事。一旦讓業務幾乎自動化，只有檢查業務保留人為，應能成功刪減人力。

切記！
邏輯思考
錦囊

容易掌握整體性觀點的架構式思維

◆將整體分成三、四大類來掌握吧

為了由極大值思考到極小值，有個效果不錯的方法，就是建立思考架構（framework）。framework直譯的意思是「框架結構」，思考架構為有助於培養整體性觀點的思考法。

本案例中，邏輯人提出的改革基本方針「單一控管」、「自動訂貨」、「無紙化」，也屬於思考架構。

思考架構是將整體分成三、四大類，同時秉持MECE原則的組合思維。舉例而言，最低維生要素的知名思考架構就是「衣食住」。此外，「東南西北」為方位的思考架構，「春夏秋冬」為季節的思考架構，「陸海空」則為防衛的思考架構。甚至柔道的絕招「心技體」，也屬於思考架構。由此可見，思考架構早已融入我們的日常生活當中。如果概念（基本方針）也能以思考架構來表達，將可輕易掌握全貌。吉野家（日本牛肉蓋飯連鎖專賣店）有個爆紅的口號為「美味．快速．便宜」，近年他們也推出了牛肉火鍋，於是口號似乎變成了「美味．便宜．慢用」。

◆各種思考架構

經營策略中有個人稱３Ｃ的思考架構，就是「Customer（顧客）、Competitor（競爭）、Company（公司本身）」的３Ｃ；市場行銷的思考架構為４Ｐ，亦即「Product（產品）、Price（價格）、Place（地點）、Promotion（促銷）」；曾為日本強盛製造業後盾的是ＱＣＤ，即為「Quality（品質）、Cost（成本）、Delivery（交件期限）」。此外，也有採用日語諧音的組合，諸如５Ｓ（整理・整頓・清掃・清潔・教養，字首的日文發音皆為Ｓ），這也是工廠必備的思考架構。如果想要憑空構想思考架構，或許並不容易，不妨參考既有的思考架構，也是一種辦法。

思考架構（framework）
為釐清整體的框架結構
※但必須符合MECE原則

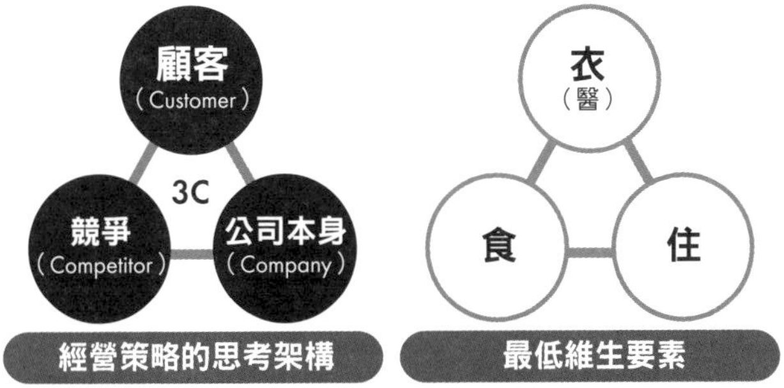
顧客
（Customer）
3C
競爭
（Competitor）
公司本身
（Company）
經營策略的思考架構
衣
（醫）
食
住
最低維生要素

●思考架構為以MECE原則，大略掌握全貌的思考法。
●若能以三到五個要項組合出思考架構，將可輕易掌握全貌。

CASE 08

接到提高營業部獲利的任務！

就算只是微調，也致力提高售價的非邏輯人

非邏輯人身為營業部長，接到提高營業部獲利的任務。截至目前為止，銷售目標均為增加每個月的營業額，但現在卻變成得於三個月後讓獲利極大化。於是非邏輯人心想，如果銷售量不變，只要售價稍微調高一些，便能增加利潤。結果，當他指示營業部同仁不可打折後，營業額反而銳減，利潤更少了一半。

非邏輯人說法

因接到要增加獲利的指示，所以我提高售價，但卻導致買氣低迷……

要增加獲利，光努力銷售是沒用的。過去我們賣得很拚命，而且賣得不錯，都是因為得以自己作主降價使然。一旦降價，平均利潤就會減少，營業額也隨之下滑。因此為了不讓營業額減少，我們只好拚命四處推銷……

分別處理售價、營業費用等的邏輯人

邏輯人同樣也被交付了三個月後讓獲利極大化的目標。他秉持宏觀，歸納思考如何擴大公司的獲利。

結果，他歸結出五種對策：「提高售價（不可輕易降價）」、「增加銷售量」、「銷售高利潤商品」、「降低進貨成本」、「刪減營業費用」。

針對售價及銷售量，過去已做了許多努力，因此他決定從營業部原本較未落實的「銷售高利潤商品」和「刪減營業費用」著手。至於「降低進貨成本」，則委託採購部提出進貨成本的刪減目標。

邏輯人說法

畢竟「利潤＝營業額－費用」、「營業額＝銷售單價×數量」

因為「利潤＝營業額－費用」，所以必須「增加營業額」和「刪減費用」；此外，因為「營業額＝銷售單價×數量」，所以如果銷售單價較高，銷售數量增加，營業額自然提升。基於此故，只要避免輕易降價，並販賣高單價且高利潤的商品就行了。若打算壓縮費用，刪減營業費用的效果不錯。先彙整歸納整體課題，再斟酌推敲對策，的確十分重要。

切記！
邏輯思考
錦囊

資訊整理的捷徑——邏輯樹思維

◆明確顯示整體與部分相互關係的資訊整理法

相較於已無計可施的非邏輯人，邏輯人則明確列出該做的事，而他之所以能釐清事態，就是因為運用了「邏輯樹」。所謂邏輯樹，即為一邊確保大小或因果關係的整合性，一邊製作出「邏輯性樹狀圖」。若以邏輯人的狀況為例，為了增加獲利，他認為必須增加營業額，並刪減費用，而且還因此考慮到得採取增加營業額及刪減費用的對策。這種思考的過程，即可稱為邏輯樹。

若提到層次區分，應有不少人會想到大／中／小分類的分法吧。同樣的道理，邏輯樹也能分成大分類、中分類、小分類，只是各層的說法為第一層（大分類）、第二層（中分類）等，以數字代表。

本書目次的編列也運用了邏輯樹進行整理。第一層為章節，第二層為大標題，第三層為小標題，而且內容還經過檢視，確認是否符合ＭＥＣＥ原則。

◆讓腦袋邏輯樹化！

非邏輯人多半直接熟記資訊，不會先整理一下資訊間的因果或大小關係。其實要是因果或大小關係混亂，腦中的記憶體容量便會減少。此外，取用記憶之時，將無法立刻找出需要的資訊。不能整合思緒的人，大多也是腦中一片混沌；公私不分的人，也很容易把公事和私事混為一談。

整理資訊間的因果或大小關係，以及隨時留意ＭＥＣＥ原則，都十分重要，藉此可提升記憶力，並加快取用腦中資訊的速度。

邏輯樹（邏輯性樹狀圖）為秉持MECE原則區分層次的資訊整理法

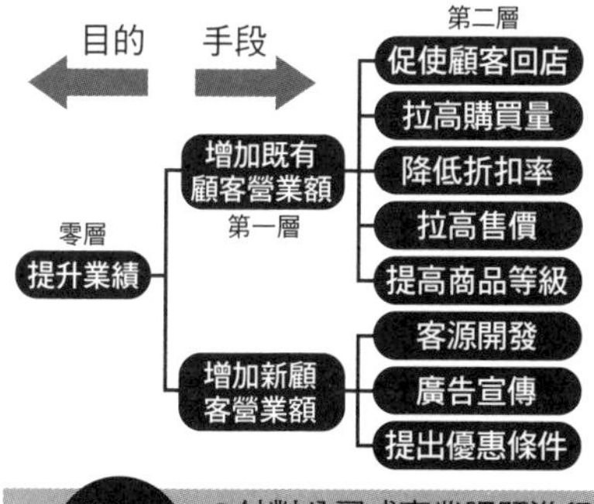

主要課題：提升業績

第一層	第二層
增加既有顧客營業額	促使顧客回店
	拉高購買量
	降低折扣率
	拉高售價
	提高商品等級
增加新顧客營業額	客源開發
	廣告宣傳
	優惠條件

運用時機

- ●針對公司或事業課題進行系統性的整理時。
- ●整理具有因果或大小關係的資訊時。
- ●整理大量資訊，並須以大小關係區分層次時。

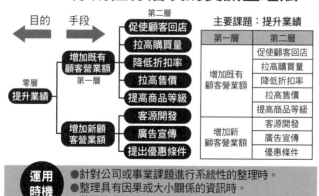

第 2 章

避免無謂加班的時間管理術

CASE 09

即使再忙，也會備妥會議用的資料嗎？

不明白製作備用資料意義何在的非邏輯人

非邏輯人最怕開會。之所以如此，是因為每次參加會議，他的工作量都會增加。其中負荷最重的部分，就是於下次開會前備妥資料的工作。比方說蒐集市場資訊製成報表、擬定兩三個改善方案等。相對於大家都趕在會議前備妥資料，非邏輯人卻向來什麼也不做。結果，會議總是因為他的緣故而拖長時間。

非邏輯人說法

為什麼非得為了開會製作備用資料？

為什麼非得製作備用資料？為了製作備用資料也要花不少時間。畢竟都要開會了，就算沒有特別製作備用資料，只要在場的人一起討論，同樣能提高大家的共識，不是嗎？

理解為何必須製作備用資料的邏輯人

邏輯人經常參加會議。雖然會議太多是個問題，但每個會議都有明確的目的和意義，因此沒理由不參加會議。

他也經常被要求於下次會議前製作備用資料。有時為了製作資料，甚至花上半天的時間。不過邏輯人總是備妥會議所需的資料，然後再出席下次的會議。凡是有邏輯人參加的會議，向來能順利進行，畢竟有了事先備妥的資料，就能省去從頭開始討論的時間。幾乎所有的會議都能在一小時以內開完，甚至還經常提早結束。

邏輯人說法

因為開會也會產生人事費用，所以務必製作備用資料以縮短會議時間

開會也會產生人事費用。如果每個人的時薪以兩千日圓計算，十個人開會兩小時，人事費用就是四萬日圓。不過只要事前準備充分，讓開會時間縮短一小時，便能少花兩萬日圓。或許就公司而言，這筆錢不算什麼，但如果日積月累的話……必須把這筆開銷賺回來的人，正是我們自己唷。

切記！
邏輯思考
錦囊

只要為了因應未來而運用今天的時間，便能掌握致勝先機

◆只要事先做好準備，今天的工作就能順利進行

非邏輯人之所以被自己的工作佔滿所有時間，是因為他沒有為了因應未來而運用時間。工作時若能設想未來，將不再出現手忙腳亂的狀況。凡事只要事先準備，便能獲得許多好處。以會議來說，即為得以縮短開會時間。

此外，非邏輯人似乎認為只靠會議中的討論便已足夠。不過，會議中無法當場製作有形的書面資料，調查資料的製作，都是利用會議以外的時間。比方說事先想些點子或備妥調查數據，然後再來開會，這樣也能更有效率地掌控會議時間。

不光是會議而已，若事前有準備，工作便能順利進行。為了當天的工作忙得焦頭爛額的人，正是因為事前準備不足。只要為了因應未來而運用時間，工作便能順利進行；只要當天的工作一切順利，便能從容自在地為將來做準備。如果能像這樣著眼於準備未來，工作將能呈現良性循環。

◆做好事前準備，今天就不會諸事不順

如果做好未來的因應準備，便能及早發現恐怕趕不上交件期限的問題。只要趕緊著手處理，或是立刻求援，就不用事到臨頭倉皇失措了。

一旦提早著手進行，就能察覺得花費多少時間處理。要是發現這件工作得花上十五個小時，便可得知從此刻開始，必須預留兩天以上的時間，否則將趕不上交件期限。相對於此，要是在交件期限的前一天才發現這件工作得花費十五個小時，結果肯定遲交。只要做好未來的因應準備，工作就能順利進行，而且也能及早覺悟預留時間的必要性。

為了因應未來
而運用今天的時間吧！

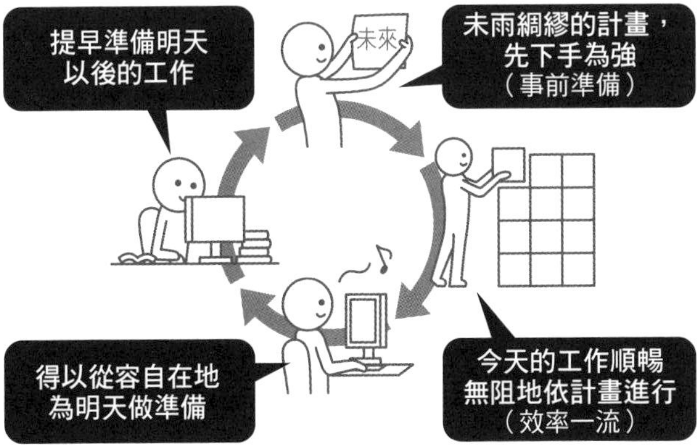
提早準備明天以後的工作
未來
未雨綢繆的計畫，先下手為強（事前準備）
今天的工作順暢無阻地依計畫進行（效率一流）
得以從容自在地為明天做準備

CASE 10

大量工作纏身之際，如果工作又變多了……

忙到不可開交的非邏輯人

非邏輯人往往無法擺脫經常加班的情形。之所以如此，是因為當天必須完成的工作堆積如山。前幾天主管問道：「預定今天之內提出的報告還沒寫好嗎？」當他回答：「到今天半夜十二點以前還有七小時，現在才傍晚五點而已。」結果主管立刻勃然大怒：「最晚要在正常下班時間前提出，這才是今天之內的意思。」非邏輯人每天就像這樣，為了眼前的工作忙到分身之術。

非邏輯人說法

為什麼只有我忙到時間都沒了啊？

雖然主管要我趕緊交出報告，不過只要趕在最後一刻交出就行了嘛。如果能按照自己的步調執行工作，不是輕鬆多了？然而實際的狀況是，我手上有好多期限緊迫的工作，真是煩死了。就算我一直做個沒停，工作依然只增不減。

因為從容自在，所以能輕鬆應付手邊工作的邏輯人

邏輯人手上有很多工作，不過其中並沒有交件期限緊迫到得於今天之內完成的工作，因為大部分的工作，都是在期限之前就交出去了，所以即使增加新的工作，邏輯人仍可應付自如。

不過，邏輯人被交辦的工作量未必少於他人。因為他往往提早著手處理，所以遇到的問題較少。打個比方來說，只要事先把業務託給工作夥伴，受託的夥伴也能提早動手處理。換言之，未雨綢繆就是他的行事作風。

邏輯人說法

根據工作的重要性和緊急性，決定著手進行的先後順序

如果一邊未雨綢繆，一邊執行工作，將得以感覺自在。我通常會根據重要性和緊急性，將每一件工作加以分類。如果全是既重要、又緊急的工作，那可就慘了。為了免於如此，針對重要性偏高，但緊急性偏低的工作，我總是提早著手進行，結果緊急性偏高的工作便愈來愈少了。

切記！
邏輯思考
錦囊

根據重要性和緊急性，決定工作的先後順序

◆整理目前該做的事，讓自己擁有自在吧

非邏輯人之所以窮忙，是因為他總是忙於既重要、又緊急的工作。只要增加重要性偏高，但緊急性偏低的工作，最後就能在當天的工作中感到自在。安排工作的先後順序極為重要，而先後順序的著眼點，就是重要性與緊急性二者。換言之，就是要根據重要性、緊急性的高低，區分先後順序。

各位不妨從重要性的高低思考看看。「重要性高．緊急性高」正是交件期限緊迫的工作，由於重要性偏高，因此不能置之不理。「重要性高．緊急性低」就是雖然重要，但交件期限還早的工作，必須沉著穩健地著手處理。所謂「為將來做準備」，就是處理重要性偏高，但緊急性偏低的工作之意。「重要性低．緊急性高」多半是可於短時間內完成的工作，諸如交件期限緊迫的公司內部提出資料、電子郵件處理等。針對這類工作，不妨於會議的休息空檔處理吧。至於「重要性低．緊急性低」即為暫時無須處理的工作，因此姑且擱置一旁。

◆什麼是目前該做的工作？

各位是否被「重要性高．緊急性高」的工作追著跑呢？這類的工作一旦增加，工作品質將變差，因為我們多半為了趕工而草草了事。基於此故，有時便會發生事後修改的情形等，反而需要更多的時間處理。

為了確保工作品質，必須積極執行「重要性高．緊急性低」的工作。換言之，所謂為了將來做準備，就是把今天的時間用在「重要性高．緊急性低」的工作上。為了能做到這一點，你必須斷然停止目前正在處理的非重要工作。

以重要性和緊急性
安排先後順序吧

	緊急性高（交件期限為今明兩天）	緊急性低（交件期限還早）
重要性高	〈只要增加右上區塊的工作便能減少〉 ●必須立即處理的工作 ●交件期限迫近的重要工作	〈先下手為強〉 ●事前準備 ●交件期限前完成 ●預防歷史重演的基本對策
重要性低	〈活用空檔時間〉 ●交件期限緊迫的資料 ●電子郵件處理	〈暫時擱置〉 ●沒有任何成果的工作 ●投資報酬率偏低的工作

●右上區塊「緊急性低．重要性高」的工作優先處理。
●一旦增加右上區塊「緊急性低．重要性高」的工作，「緊急性高」的工作將隨之減少。

（參考出處：《與成功有約：高效能人士的七個習慣》〔*The 7 Habits of Highly Effective People*〕，史蒂芬．柯維著）

CASE 11

工作效率該如何提升？

老是遭主管一再催促的非邏輯人

非邏輯人十分懶得和主管說話，因為一旦碰面，主管就會問他：「那件事的後續呢？你打算什麼時候處理？」當他回答：「我目前正在研究。」主管立刻回嗆：「我要聽的是你什麼時候能夠完成，並向我報告啦！」非邏輯人一臉不悅，心裡嘀咕明明是明天以前提出就可以的報告，期限又還沒到，有什麼好催的。不過，最後的結果往往是縱然期限已到，非邏輯人還是無法如期交出，而向主管哀求：「請再給我一天的時間。」

非邏輯人說法

明明打算現在動手來做，卻反而提不起勁耶……

我明明做得很拚命，但主管總是在我正打算著手進行的時候，問我一聲：「那件事的後續呢？」我又不是小孩子。以前我母親經常叮嚀我：「快去念書。」主管的口氣和我母親一模一樣。每當我正打算動手時，只要被這麼一問，就變得一點也不想做了。

早上做的頭一件事，就是列出工作清單的邏輯人

邏輯人早上一到公司就會先收電子郵件。他先收電子郵件的目的有二，一是針對來信洽詢的事宜確實回覆對方，另一個則是為了掌握得於今天處理的追加業務。

收完信後，邏輯人總會逐條列出必須處理的工作清單。他以Excel檔案製作這份清單，由於清單中含有尚未完成的工作，因此他把今天追加的工作添補進去。至於已經處理的工作，則打勾代表完成。

邏輯人說法

只要列出待辦事項清單，就會渾身充滿幹勁！

一旦以Excel檔案製作工作清單並進行管理，工作就變得十分得心應手。由於尚未完成的工作記錄仍保留於清單之中，因此比起從頭列出工作清單來得容易多了。接下來還有個重點，就是該以什麼樣的順序執行工作。如果能提早處理三十分鐘之內就可解決的工作，手中剩餘的工作量將隨之遞減。只要逐一完成清單上的工作，將感覺無比踏實，進而渾身充滿幹勁。

切記！邏輯思考錦囊

讓該做的工作一覽無遺——待辦事項清單

◆一早不妨列出「待辦事項清單」吧

一早把該做的工作詳列出來的清單，稱為「待辦事項清單」。根據某商業雜誌的調查，沒有列出待辦事項清單的人，在主管眼裡，多半屬於工作效率不佳的人。其次，如果把寫在紙上的人，和做成電子檔案的人相比，被認定工作效率較好的人，往往是後者。非邏輯人的工作規劃之所以不盡理想，就是因為他沒有列出「待辦事項清單」。

只要以電腦製作清單，將十分易於搜尋。如果再以Excel檔案進行管理，維護起來也相當輕鬆。待辦事項清單可在進公司處理電子郵件之後，再開始製作，因為電子郵件中，往往有不少追加的工作委託。此外，一想到什麼就直接打字，無須排序。電子化的便利之處，就是到昨天為止的未辦工作事項仍保留於檔案之中。

一旦有了新的工作，就追加列入待辦事項清單中；一旦完成一項工作，不妨於清單打勾代表完成吧。

◆擬定處理順序，逐一完成

待辦事項清單的活用有所訣竅，其一是填上處理順序。凡是能於十分鐘內完成的工作，一律優先解決。譬如出差費的統計等公司內部的總務處理，多半可在短時間內完成。只要解決能馬上完成的工作，就能減少清單上的待辦事項。

第二個訣竅是約略填上完成該項工作的預估時間。預估時間屬於計畫，等到工作完成，可比較計畫和實際的結果究竟誤差多大。反覆比較計畫和實際的結果有其意義所在，那就是預估時間的精準度將愈來愈高。

列出「待辦事項清單」，藉此確認緊急程度，並預估所需時間

完成	處理順序	工作清單	緊急度 今天	緊急度 明天～	需要時間（小時）
□	6	1. 製作A公司行銷企劃書		○	4.0
□	9	2. 提出前往東京出差的申請		○	1.0
□	4	3. 製作訂單補充庫存	○		0.5
□	2	4. 擬寫給B公司的感謝函	○		0.5
□	1	5. 收電子郵件	○		0.3
□	8	6. 製作給C公司的報價單		○	0.5
□	5	7. 聯絡廠商	○		0.2
□	7	8. D公司業務拜訪的事前準備		○	3.5
□	10	9. 製作人事考核表		○	1.5
□	3	10. 製作會議記錄	○		1.0

●將工作清單（待辦事項清單）「分享至工作群組」，也是一種做法。
→可互相幫助，而且一旦宣稱該做的事，將可激發自己的責任感。

CASE 12

「稍後再重新檢查」的做法，將導致什麼結果？

結果沒重新檢查，錯字及漏字百出的非邏輯人

每當非邏輯人把報告交給主管時，總是因錯字及漏字百出而慘遭退件。主管沒把報告看完就直接指示：「完成度太低，今天之內重新提出。」

結果，非邏輯人為了重新提出報告，費了好多工夫進行修改，雖然他內心十分渴望主管至少把報告看完……因為錯字及漏字而一再遭到退件，連帶其他工作都受影響，搞得他滿臉不悅。

非邏輯人說法

我原本打算稍後再重新檢查，結果卻沒時間嘛！

三天前我姑且寫好了報告，由於完成度略嫌不足，因此我打算「稍後再重新檢查」。

不過就在我忙著其他工作時，提出的期限已到。我絕對無意偷懶，只是沒時間罷了。

盡心處理到最後，正確無誤地完成報告的邏輯人

邏輯人的報告中沒有錯字及漏字，因為他認為文章的正確性等同於報告的內容，屬於報告品質的一部分。要是錯字及漏字一多，留給閱讀者的印象，可能盡是「報告不夠完整耶」、「真是偷懶耶」、「內容也不足採信吧」等。

此外，邏輯人針對每一件工作，總是盡心盡力地徹底完成。打算「稍後再重新檢查」而暫且放下工作，並且的確於事後仔細檢查的做法，或許他也曾採用過。但畢竟忙著其他工作時，常常變得沒時間重新檢查，因此他總是不斷提醒自己務必十分留意。

邏輯人說法

就某種意義而言，工作也屬於一期一會

我認為工作也屬於一期一會。一期一會源自日本茶道的成語，語中充滿對茶道的參透領悟，意思為「一生只有一次的機會」，換言之，由於一生只有一次，因此要保持全神貫注。執行每一件工作時，我也總是認為機會僅此一次，絕不能虎頭蛇尾，務必盡心盡力地提高完成度，直到自己滿意為止。

切記！
邏輯思考
錦囊

「稍後再重新檢查」的習慣，會降低工作的完成度

◆把工作逐一完成吧

那些打算稍後再重新檢查的工作，究竟有多少是真的重新檢查過？大部分的結果應該是「雖然想重新檢查，但由於時間不夠，那就姑且交出去吧。」非邏輯人之所以錯字及漏字百出，正是因為他認為就算完成度不高，反正會「稍後再重新檢查」。一旦打算稍後再重新檢查，最後往往變成沒時間檢查，就直接把完成度不高的工作成果拿去交差了事。

稍後再重新檢查，通常會引發兩個問題。一是由於完成度欠佳，因此日後將遇上必須修改等種種麻煩，造成預期外的時間遭到剝奪，進而耽誤其他工作的進度。至於另一個問題，則是對於工作的成就感將趨於淡薄。如果工作逐一完成，便能陸續於待辦事項清單上打勾代表完成，剩餘的工作也一一減少。然而，要是打算稍後再重新檢查，將無法得到大功告成的成就感。只要逐一完成工作，就能確切地感受到工作的進展，還能從工作中得到滿足。

◆減少半成品的庫存吧

秉持一期一會的心態面對每一件工作非常重要，絕不能輕信「稍後再重新檢查」的念頭。錯字及漏字也屬於品質的一部分，若為內容相同的提案，肯定是出現錯字及漏字的一方苦吞敗果。光是內容含有錯字及漏字，就會被視為「太不用心了」、「工作態度不夠認真」、「真是事敗垂成」。特地寫好的提案，也將出師不利。

確實把工作做完，減少半成品的庫存十分重要。一旦工作的庫存暴增，將深陷工作老是做不完的情緒當中。結果，不僅成就感蕩然無存，對於工作的幹勁也會大幅衰減。

切勿堆積工作，
凡是能馬上完成的事便陸續解決

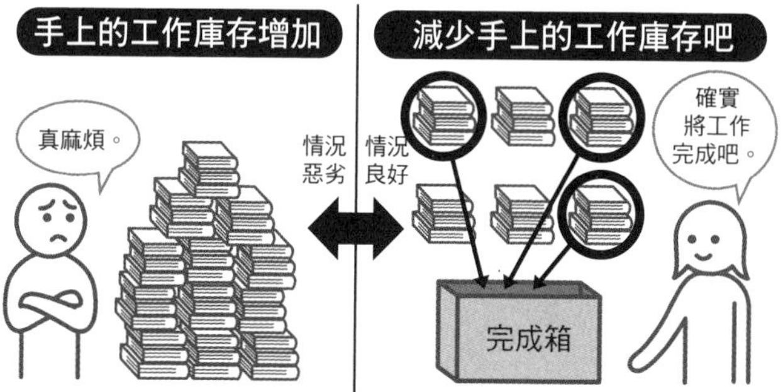
手上的工作庫存增加
減少手上的工作庫存吧
真麻煩。
情況惡劣
情況良好
確實將工作完成吧。
完成箱

- 要是覺得麻煩，工作將日益累積。
- 工作一旦累積，將變得難以整理收拾。

- 一旦減少手上的工作庫存，將能專注於每一件工作上，讓工作效率大增。
- 明快俐落地把工作一一解決吧。

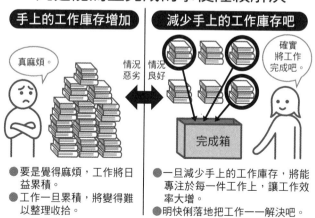

CASE 13

旁人對於那種工作方式的看法如何？

被認為做事拖拖拉拉的非邏輯人

非邏輯人往往被主管和同事認為工作不認真。話雖如此，但似乎不是非邏輯人愛摸魚打混，而是他的工作安排缺乏輕重緩急，導致旁人對他產生不好的印象。舉例而言，一到了下午，他常常會望著天花板，一副心事重重的模樣，嘴裡還嘟囔著老是想不出好點子。旁人見到如此光景，難免覺得他做事拖拖拉拉。

非邏輯人說法

其實我一直都是全力以赴耶～

我自認為對於工作一向認真努力，雖然的確常因遇到瓶頸而心事重重，但如果旁人見狀而對我貼上做事缺乏幹勁的標籤，也真叫人火大。我可是以自己的方式費心苦思，積極地投入工作之中呢。

因處事明快而大獲好評的邏輯人

一般對邏輯人的印象，往往是工作重視輕重緩急。他從一早便明快地處理各項工作，旁人也能從中感受到無比活力。

正常下班時間後的加班，他也不會做得拖拖拉拉。有些人根本搞不清楚究竟是在工作，還是在休息，但邏輯人不同於這些人。他給旁人的印象是即使加班，手腳同樣明快俐落。由於他一結束工作便立刻下班，因此晚上七點左右就不在公司。最近，邏輯人還讓自己早起。凡是準時下班的日子，他似乎會提早大約一小時到公司。

邏輯人說法

連上午的工作都要全力以赴

我認為「一日之計在於晨」。要是上午的步調就拖拖拉拉，當天的工作績效勢必欠佳。假日的上午如果臥床不起，那天將變得一事無成，過去這樣的經驗實在太多了。工作也是同樣的道理，我認為上午的工作效率，對於下午的工作績效也有極大的影響。

切記！
邏輯思考
錦囊

以一日三分法、一日四分法提高工作績效

◆以一日三分法為全天安排輕重緩急

為了同步追求工作幹勁及工作效率，將全天分出輕重緩急，我十分推薦的是一日三分法，這是把一天分成早午晚三個時段的時間活用術。

就人體生理特性而言，上午適於使用頭腦和智慧。舉凡運用直覺的工作、需要企劃或激發創意的工作、擬定整體方針的工作等，都十分適合進行。上午的動腦速度較快，因此可於短時間內解決的瑣碎事務，也能有效率地進行處理。

人類於睡眠當中，會針對儲存於大腦海馬體的資訊進行整理。做夢時，海馬體中的記憶儲存於左腦和右腦。結果，只要睡眠充足，上午時段的海馬體將處於淨空狀態，即使是複雜的資訊，也有充分的空間任我們使用。

到了下午，資訊陸續存入海馬體中，舉凡複雜的思考、運用直覺的思考、秉持整體性觀點的思考等變得難以進行。因此，下午比較適於投入訴諸體力的工作。針對正常下班時間後是否立刻回家，或要加班幾小時，若能在上午展開規劃，一整天的工作時間，也比較容易分配。

◆騰出早上的自由時間吧

是否有人忙到迷失了自我？為了找回屬於自己的時間，建議大家採用一日四分法。每天提早一個小時起床，利用早上的時間投資自己。為了如此，晚上得提早一小時就寢。換句話說，就是把自己的作息時間提早一小時，然後再搭配一日三分法，將全天一分為四。

非邏輯人的工作方式之所以缺乏輕重緩急，是因為他沒有費心規劃一整天的用法。各位不妨將全天分為上午、下午、正常下班時間後的三個時段，實踐有輕重緩急之分的一日三分法吧。此外，加上早上一小時的四分法，也請大家嘗試看看。

以一整天的時間運用法「一日三分法」、「一日四分法」安排輕重緩急吧

一日三分法	內容	一日四分法
		清晨（提早一小時起床）
早（上午）	**早上用來進行動腦的工作** ・運用直覺的工作 ・企劃性的工作、激發創意 ・擬定方針、思考整體大綱 ・快速解決瑣碎的工作	早（動腦）
午（下午的正常工作時間內）	**下午用來處理訴諸體力的工作** ・已敲定做法的工作 ・操作性的工作 ・訴諸體力的勞動性工作 ・跑外務的工作、活動性質的工作	午（訴諸體力）
晚（正常下班時間後）	**晚上自行決定運用方式** ・準時下班回家也行 ・要加班也可以 ・要先去別處再回家也行	晚（提早一小時就寢）

CASE

14 如果站在主管的立場，你會如何指示部下？

指示部下將想到的改善方案全數付諸執行的非邏輯人

非邏輯人是管理七名部下的採購部股長。由於課長每天對他耳提面命：「再多進行一些業務的改善！」、「成本再多降一些！」於是他召集部下開會，並做出指示：「每人提出兩個改善方案！」同時還下令：「兩週內實施自己提出的改善方案，然後向我報告！」結果，會議就在眾人的一片錯愕之中結束。兩週後非邏輯人又召集部下開會，但卻沒人開始著手進行。

非邏輯人說法

為什麼部下們的動作反應不能明快一些？

世上被稱為部下的人，為什麼總是動作遲鈍呢？如果嚴格要求，他們當場的確有所反應，不過一旦過了兩三天就忘得一乾二淨，好像從來沒接到指令一般。雖然他們聲稱：「這件工作我不會，那件工作我也不會。」其實只是缺乏幹勁啦。

思考投資報酬率以濃縮篩選工作的邏輯人

邏輯人十分了解時間有限，如何在有限的時間內提高效益非常重要。邏輯人為管理七名部下的採購部股長，他不會直接採用部下提出的改善方案，而是先進行投資報酬率的評估。

投資報酬率為付出和回收的差異。如果能付出儘量少一點，同時回收儘量多一點，那就是很好的改善方案。必要的付出不只是花在改善上的費用，員工的時間和人事費用都屬於付出。如果能和部下一起評估投資報酬率，共同濃縮篩選出兩三個方案，也較能提高部下的共識吧。

邏輯人說法

畢竟工作時間有限，因此得盡可能講求效率

千萬不能忘記時間有限，不過大部分的主管都把人事費用當成免費。絞盡腦汁思考什麼樣的方案容易執行，而且效益極大，為非常重要的事。如果投資十萬日圓，效益卻只有五萬日圓的話，應該沒人願意投資吧；若投資十萬日圓，勢必要有一百萬日圓的成果，部下們才會對這件工作的執行產生共識。

切記！
邏輯思考
錦囊

以報酬矩陣判斷是否實施大型工作

◆投資報酬率取決於付出和回收的比較

所謂報酬，就是運用策略得到的結果。至於報酬矩陣，則是顯示投入資源（付出）與獲得利益（回收）相互關係的圖表。

報酬矩陣的水平座標軸為付出的多寡，垂直座標軸為回收的多寡。將執行的難易換算成金額，代表付出的多寡；將獲利的高低換算成金額，代表回收的多寡。

容易執行但獲利偏低的投資為ＱＷ（Quick-Win），屬於得以根據現場負責人的判斷，積極著手進行的工作；容易執行且獲利較高的投資為ＢＯ（Bonus-Opportunity），屬於組織積極推動的工作；難以執行且獲利偏低的投資為ＴＷ（Time-Waster），屬於不做也罷的工作，非邏輯人之所以無法順利濃縮篩選方案，正是因為他沒有排除ＴＷ的工作；難以執行但獲利較高的投資為ＳＥ（Special-Effort），如果不易執行的話，暫時保留也是一種辦法。

◆找出屬於BO的方案吧

在公司裡，各種業務改善方案層出不窮，諸如削減成本、提高品質等。不過，如果打算實施所有的提案，時間及預算都有所極限。基於此故，只要積極進行能以最少勞力換取最大成果的方案，便可獲得極大的成果。最要不得的就是毫無效益，完全離題的方案。

所提出的方案，究竟應該執行，還是放棄？各位不妨利用報酬矩陣找出屬於BO的方案，並積極推動吧。只要能以最少的勞力換取最大的成果，便能從中獲得極大的成就感。

讓安排先後順序
成為習慣的報酬矩陣

選出投資報酬率較高方案的評估基準

	容易執行	難以執行
低獲利	○ **能立刻完成 QW**（Quick-Win）	**浪費時間 TW**（Time-Waster）✕
高獲利	◎ **獲利機會 BO**（Bonus-Opportunity） ← 智慧創造	**必須努力 SE**（Special-Effort）△

（參考出處：《合力促進 再造奇異》〔*The GE work-out*〕，戴夫．尤爾利奇、史蒂夫．柯爾、朗恩．阿胥肯納斯著）

●選出容易執行且獲利較高的方案來進行。
●以BO（獲利機會）為重點實施方案，同時放棄TW（浪費時間）。

（注釋）日本企業常有順勢進行突發奇想的方案，卻完全不顧投資報酬率的習慣，結果付出的努力並未帶來相對的成果。

CASE 15

大型工作的執行控管心得

不知該如何進行，工作窒礙難行的非邏輯人

非邏輯人最善於臨時抱佛腳。他就讀國高中時，總是到了考試的前一晚，才靠挑燈夜戰通過考試。然而在工作上，不能比照辦理的情況非常多，就算挑燈夜戰，時間依然不夠。個中原因之一，就是他不知該如何進行工作，以至於想法經常出錯。此外，由於他總是拖到交件期限迫近才著手進行，所以也常因時間不夠而無法如期交件。正因為如此，非邏輯人往往因為遲交或完成品質太差，而遭主管責罵。

非邏輯人說法

工作一大堆，搞不清楚該從何著手

我也十分明白遵守交件期限何其重要，不過工作量之大總是超乎我的想像，趕在最後一刻交出的情形時有可見。此外，當我準備開始工作時，卻發現工作好多，搞不清楚該從何著手。其實我很有幹勁，保證幹勁十足。

讓工作確實有所進展的邏輯人

邏輯人一旦接到新的工作，必定先思考「大約得花多少時間」。有些工作一個小時便能搞定，也有些工作得花半天以上的時間才能完成。他不太在乎預估時間的精準程度，而是以差不多就行的心態預估時間。

如果是得費時半天以上的工作，邏輯人通常會把工作拆解為四個步驟左右來進行，比如區分為「現狀分析／問題點整合／原因釐清／擬定改善方案」。針對每個拆解的步驟，他都會冠上「步驟」兩字，諸如「步驟一：現狀分析」。只要把工作拆解成數個步驟，便能加註如「步驟一需要三小時」，讓時間的預估變得更加容易。

邏輯人說法

得費時半天以上的工作，只要落實步驟拆解，就很容易進行

無法於半天之內完成的工作，只要拆解成四個步驟左右，就能釐清進行的方式，這是因為工作的內容變得具體使然。如此一來，時間的預估也能更趨於精準。一旦知道該保留多少時間，便能參考安排自己的行程表。只要對照自己的空檔時間提早著手進行，理應得以事先避免延誤交件期限。

切記！
邏輯思考
錦囊

只要拆解為四個步驟左右，大型工作也能有所進展

◆凡是費時的工作，只要拆解為四個步驟，便能順利進行

交件期限的控管是必要的。不過，就算決心遵守期限，要是花了比預期更長的時間才完成，導致無法如期交件，也挺令人困擾。既然如此，不妨比照邏輯人的方式，進一步嘗試看看作業流程控管如何？換言之就是將工作拆解為數個步驟，並且實施進度的控管。

打個比方來說，假設要撰寫企劃書，但企劃的創意並不會貿然浮現腦海，此時便可嘗試拆解步驟。譬如一旦拆解成「蒐集資訊／激發創意／擬定基本方針／編列目次／撰寫企劃書」等步驟，對於下一步要採取的動作將有所頭緒。

凡是費時的工作，只要拆解為四個步驟左右，便能順利進行。透過步驟的拆解，對於各項作業所需時間的概估，將變得容易許多。比方說蒐集資訊以四小時完成、激發創意以兩小時完成等，如此一來便能輕易地訂出計畫。如果是一兩個小時就能完成的工作，針對該如何進行為妥，將有某種程度的概念。

◆作業流程的雛形

作業流程的擬定要考慮時序。換句話說，作業流程就是執行工作的步驟。一般通用的作業流程，有所謂的「市調／企劃／設計／實施」。透過市調蒐集資訊，然後以這些資訊為線索依據，擬定企劃案；企劃階段，必須清楚呈現「要實現什麼」的全貌；設計階段，則得敲定細節內容；最後根據設計加以實施。

作業流程中的步驟如果太多，將不易掌握全貌。要是拆解為五個以上的步驟，不妨思考看看能否將其中兩個步驟整合為一吧。

交件期限控管與作業流程控管並不相同，務必拆解為四個步驟左右

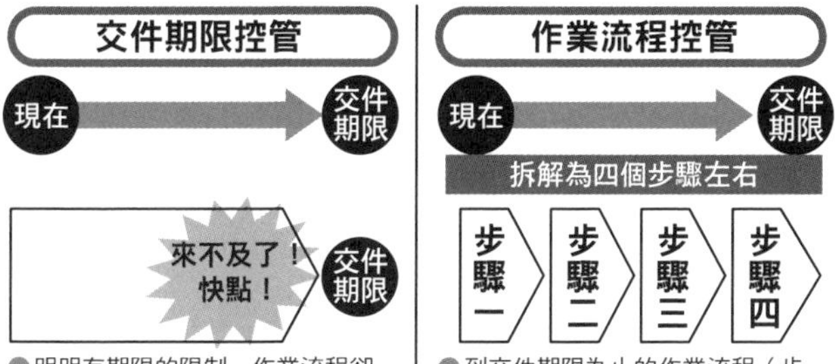

交件期限控管
- 明明有期限的限制，作業流程卻混沌不明。
- 交件期限迫近才草草趕工了事。

作業流程控管
- 到交件期限為止的作業流程（步驟）力求明確。
- 將作業流程拆解為四個步驟左右。
- 落實各個步驟。

- 一旦把直到完成為止的過程拆解為四個步驟左右，將可輕易預估所需時間。

CASE 16

提升工作效率的訣竅為何？

總是忙到沒有多餘心情的非邏輯人

非邏輯人往往為了眼前的工作忙得不可開交，就算主管找他商量新的工作，他也予以婉拒：「目前手上的工作已經讓我忙不過來了……」想當然耳，非邏輯人的評價極低，主管肯定心想：「真是個沒用的部下。」此外，同事們也批評他「工作的要領很差」、「過於堅持無謂的小事」、「還有更簡單的做法吧？」就算要求他改善工作方式，他也根本沒有多餘的心情著手改善。

非邏輯人說法

我明明很努力，為什麼得不到讚許？

為什麼老是苛求我？我不過是老實說出自己辦不到而已，因為我真的忙得不可開交嘛。主管如此強人所難，簡直是找我麻煩。此外，周遭的人都要我改善工作方式，但是我根本沒有時間和多餘的心情思考如何改善。

設法尋求自在，致力落實改善的邏輯人

邏輯人因為聽了某場演講，而改變了自己的思維。演講內容如下：

即使打算搬家，要是沒有空屋，也無法搬家。不過，只要有一間空屋，就有一家人得以搬家。一旦這家人搬家，他們原本居住的房子便會空出來。如此一來，另一家人就能搬進這個房子。換言之，為了搬家，必須有頭一間空屋存在。自在也是同樣的道理。起初只有百分之五也無所謂，大家不妨找出屬於自己的自在吧，工作將可變得得心應手唷。

於是，邏輯人抱著可能受騙的心態，設法騰出百分之五的自在，用來改善工作的方式。

邏輯人說法

只有剛開始比較辛苦，現在的辛苦將換來日後的輕鬆

剛開始為了保有百分之五的自在，的確吃了一些苦，比如讓自己假日出勤兩天等。

不過，一待在安靜的辦公室裡回想自己的工作，腦中便浮現出幾個具體案例：「這樣做的話，只花一半的時間就能把工作解決掉耶。」一旦感覺心情自在，就會很想改善工作方式，工作也變得比較輕鬆了。

切記！
邏輯思考
錦囊

些微的自在，可創造新的自在

◆保留百分之五的自在用來進行改善吧

如同非邏輯人一般沒有多餘心情的人，根本無意改善工作方式，因此無法擺脫缺乏效率的工作執行方式；針對目前的做法，有多餘心情思考應能進一步改善的人，則可透過改善，創造出新的自在。

首先要讓自己具備決心改善的心態。如果認定自己是被迫工作的受害者，將變得十分討厭工作，一心只想逃避。如果能轉念為自己正是工作的負責人，應該就會思考能否進行得更順利一些。

請先保留百分之五的自在用來進行改善。透過改善，這百分之五的自在，可再創造百分之五的全新自在。創造自在的改善方式，大致可分為兩類。一是改善工作方式，檢討能否進一步提升效率及縮短時間；另一類則是排除可能浪費時間，重要性偏低的工作。保留百分之五的自在用來進行改善，將能另外創造出新的自在。

◆百分之十五法則和百分之三十法則

以便利貼享有盛名的3M公司當中，有百分之十五法則和百分之三十法則。員工可把上班時間的百分之十五，用來挑戰新商品的開發和業務改革等。換言之，每個月約有三天要投資未來。除此之外，過去四年的總營業額當中，新商品的占比必須超過百分之三十。這種新商品占比的目標，即為百分之三十法則。

各位在公司上班時，有多少百分比的時間用於未來的成長上？至少要挪出百分之五，若能用到百分之十五的話，將最為理想。大家為了保有目前營業額所付出的時間，亦即為了維持現狀而工作的時間，究竟占了多少百分比呢？

思考未來的自在心情，
可促使我們致力改善，並創造新的自在

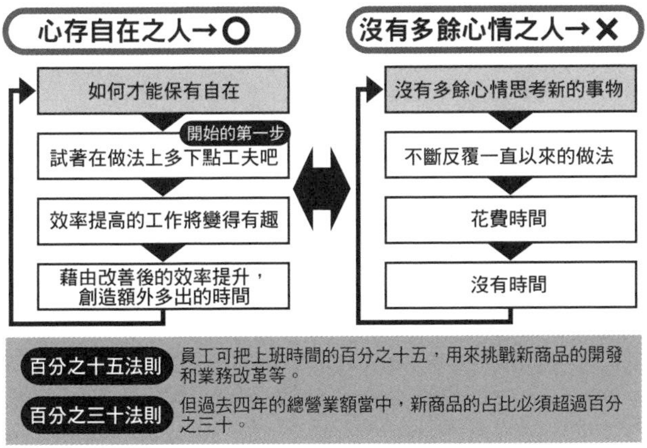
心存自在之人→○
如何才能保有自在
開始的第一步
試著在做法上多下點工夫吧
效率提高的工作將變得有趣
藉由改善後的效率提升，創造額外多出的時間
沒有多餘心情之人→✕
沒有多餘心情思考新的事物
不斷反覆一直以來的做法
花費時間
沒有時間
百分之十五法則
員工可把上班時間的百分之十五，用來挑戰新商品的開發和業務改革等。
百分之三十法則
但過去四年的總營業額當中，新商品的占比必須超過百分之三十。

第 3 章

讓人甘拜下風的創意動腦術

CASE 17

為了提升業績而向大家徵求構想時

要求提案者將提議付諸實行的非邏輯人

非邏輯人當上營業股長後，擺出新官上任三把火的架勢。為了力求表現，他召集部下們問道：「有沒有什麼好的提案可以提升業績呢？」

眼見部下們各個不發一語，忍無可忍的非邏輯人決定一一徵求每個人的意見。當齋藤先生提議：「不如增加拜訪客戶的次數吧。」非邏輯人立即回覆：「很好，下週前提出具體計畫。下一位，田中，你的提議呢？」

非邏輯人說法

指定提議的人擔任專案負責人，這樣不就解決了？

只要指定提議的人擔任專案負責人，部下們應該也不得不從。這個辦法簡直太棒了，業績肯定能提升。然而，已經過了一個星期，卻沒有半個人交出具體的提案。明天開朝會時，再稍微向他們施壓看看。

斟酌確認效果較好的方案，再加以採用的邏輯人

邏輯人當上營業股長後已邁入第二年，於是他決定和部下討論該如何擴增業績。他向大家宣布：「希望大家提出得以增加業績的對策，任何方案都可以。我不會指定提議的人擔任專案負責人，因此請各位踴躍提案，不用客氣。」

結果他收到許多部下提出的方案，並且從中濃縮篩選出效果較好的兩個方案。第一個是重新設定目標客層，第二個是配合目標客層的需求，重新設定重點商品。針對這兩個方案，他還和部下一起擬定了具體的實施計畫。

邏輯人說法

為了找到更棒的方案，一開始就讓大家盡情揮灑創意吧！

就算突然逼迫部下提出優異的方案，也只會收到反效果。愈渴望想出好點子，就愈缺乏靈感。此外，部下們對於指定提議的人擔任專案負責人，內心會有所恐懼。

最終若能聚焦於幾個方案上，盡可能濃縮篩選出少數方案，執行時便可全心投入其中。

切記！
邏輯思考
錦囊

活絡創意的思考步驟──「發散．收斂」

◆充分蒐集資訊後，再整理資訊吧

我們往往沒有充分發揮創意，以為只有這條路可走，便就此敲定對策。舉例而言，刪減事務用品的成本時，以為對策只有回收影印過的紙張，反面也拿來影印，於是就此敲定執行。

如果打算刪減事務用品的成本，諸如減少影印量等，理應還有其他解決對策。而且除了影印之外，也可從其他方面著手成本的刪減。

為了在有限的時間內創造最大的成果，必須盡可能排除努力卻成果不大，或是偏離主題的對策。基於此故，務必充分蒐集資訊，然後再整理資訊。這樣的步驟稱為「發散．收斂」。

所謂發散，就是廣納資訊和可能性的步驟，可藉由蒐集資訊、集結創意、擬定備案等增加選擇性；所謂收斂，則是整理資訊，濃縮篩選出重要性較高的構想。進行收斂時，重要性評估和分組歸類相當方便好用，重點是切勿貿然加以收斂。

◆以「發散・收斂」提高共識

一旦採用偶然突發奇想的方案，就等同抹滅了更佳方案脫穎而出的可能性。此外，指定提議的人擔任專案負責人，根本毫無道理，在這種讓發言者一肩獨扛責任的狀況下，實在難以寄望大家踴躍提出構想。確認目的後，可比照邏輯人的做法，讓部下盡情揮灑創意，待全數灑盡，再加以濃縮收斂。

進行收斂時，務必落實重要性評估和分組歸類，最後濃縮篩選出得以極高的效益達成目的的構想。透過開會共享「發散・收斂」的過程，也能提升相關人員對於決議事項的共識。

所有思維的基本就是「發散與收斂」

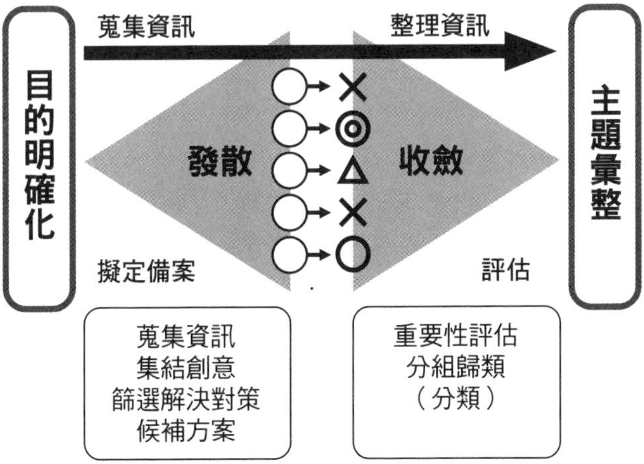

CASE 18

為了推出劃時代的商品，大家共同進行企劃會議時

逼迫部下「必須提出務實性方案」的非邏輯人

非邏輯人是商品企劃室長，他必須於本季擬出劃時代新商品的事業計畫，並於下一季付諸實行。這次受命提出的商品企劃屬於全新的領域，於是他召集部下一起全力構思新商品。不過，部下所提的方案太過於天馬行空，因此他大聲激勵部下：「大家提出的方案要更務實一些啦！」然而，他愈大聲激勵，部下們的靈感就愈萎縮。

非邏輯人說法

為什麼部下們總是缺乏靈感？

雖然是全新領域的商品企劃，但大家應該明白必須提出務實性的方案吧。如果不是踏實到某種程度的方案，根本不實用啊。不過，我愈大聲激勵部下，他們愈缺乏靈感，這究竟是為什麼呢？

卸下常理和條件的包袱，讓部下盡情揮灑創意的邏輯人

邏輯人領軍的商品企劃室受命提出全新領域的商品企劃，於是他召集部下開會，一起揮灑創意。會議一開始他便宣布：「請大家思考時捨棄固有觀念和常理。因為這次屬於全新的領域，就算是做白日夢或不切實際的方案也無所謂，不過請牢記必須符合本公司的風格。」

此外，邏輯人還補了一句：「針對他人的創意，請從中找出優點，讚美一番。」結果，雖然有些提案因不切實際而完全無法採用，但偶爾也會出現相當有趣的方案。

邏輯人說法

要求「提出好方案」的瞬間，大家的靈感就萎縮了唷！

一旦以常理或固有觀念等條件束縛大家，他們就只能想出既有的方案。此外，如果要求大家提出更好的方案，他們將變得過於謹慎而開不了口。甚至，要是針對發言提出批評，更會讓他們的靈感趨於萎縮。讓大家揮灑創意時心情愉快，不受固有觀念束縛，應該是比較明智的做法。只要有大量的構想提出，不計良莠與否，應有燦爛奪目的方案從中脫穎而出。

切記！
邏輯思考
錦囊

有利發散的歸零思維

◆若要打破現狀，卸下固有觀念和常理的包袱進行思考十分有效

在日常生活中，我們往往不自覺地受到固有觀念和常理的束縛。並非這樣不好，只是當現狀遇到瓶頸時，有時會因此而怎麼也想不出解決對策。此外，也可能因固有觀念和常理的束縛過緊，導致自己只能想出平凡無奇的構想。遇到這種時候，歸零思維就十分有效。所謂歸零思維，就是讓固有觀念和常理歸零後，再重新思考的行為。

有關本書第九十頁介紹的「發散．收斂」，針對其中的發散具有不錯效果的思考態度，就是這種歸零思維。歸零思維嚴禁一切批判，因為批判等同評論，為判斷重要性的行為，所以屬於「收斂」。進行「發散」時，要是如同非邏輯人一般，要求部下提出務實性的方案，這種收斂式的發言將使大家的靈感瞬間萎縮，無法發散。

於發散階段時，建議比照邏輯人的做法，不要讓部下承擔責任，也不要加以批判，務必讓大家能隨心所欲地提出自己的意見。

◆藥妝店的歸零思維

歸零思維也會捨棄常理進行思考。依常理而言，藥店裡賣的是治療疾病的藥品，然而松本清藥妝店（日本最大連鎖藥妝店）則捨棄藥店的常理，轉換成所謂「健康促進產業」的新常理。

「只要打破常理，就能創造新的常理」，是松本清藥妝店的企業精神標語。既然是「健康促進產業」，就不能只賣藥品。舉例而言，對女性來說，梳妝打扮可帶來心理的健康，結果連帶身體也變健康。基於此故，化妝品與美妝用品也被他們擺在店裡販賣。

歸零思維就是捨棄向來的
固有觀念和常理，再進行思考的行為

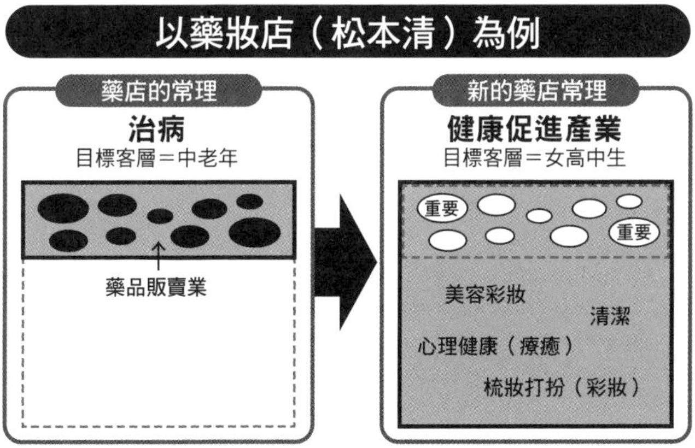
以藥妝店（松本清）為例
藥店的常理
治病
目標客層＝中老年
藥品販賣業
新的藥店常理
健康促進產業
目標客層＝女高中生
重要
重要
美容彩妝
清潔
心理健康（療癒）
梳妝打扮（彩妝）

CASE

19 為何業績變差？共同指出問題點之時

把問題點和對策混為一談的非邏輯人

為了找出業績不佳的原因，身為單位主管的非邏輯人，受命釐清問題點何在。於是會議一開始，他便要求部下：「各位，就把你們平時發現的問題點，毫無顧忌地提出來吧。」

部下的意見中，雖然夾雜著問題點與對策，但非邏輯人依然直接就此向主管報告，結果他遭主管指正：「先整理問題點，再找出業績不佳的原因。」

非邏輯人說法

對策已經十分明確，為什麼不能和問題點一併報告？

畢竟業績不佳就是個大問題，因此最好馬上思考相關對策，為什麼還得拐彎抹角地先提出問題點？無論要想幾個對策都不是問題，只要直接濃縮篩選出對策，再向大家徵求意見，便能迅速因應處理了啊。

只針對業績不佳的問題加以探究的邏輯人

為了找出業績不佳的原因，身為單位主管的邏輯人，也同樣受命釐清問題點何在。不過，他的做法和非邏輯人不同。會議一開始，他要求部下：「對策等以後再想，大家先針對問題點毫無顧忌地提出來吧。」要是部下提出了對策，他便進一步詢問：「你認為這個對策有其必要，是基於什麼樣的問題點呢？」藉此引導部下說出問題點。

過程中，邏輯人刻意不去批判部下。一旦遭到批判，部下將產生戒心而難以表達意見。要是和部下爭辯，或開始嘮叨說明，將錯失部下提出其他意見的時機。最後，大家總共提出兩百個問題點，於是他決定加以歸納整理。

邏輯人說法

必須針對本次的議題徹底討論才行

如果大家對於問題點沒有共識，將無法一致認同「為什麼那個對策有效」。此外，要是沒有查明發生問題的原因，便無法找到治本對策。「因為庫存不足，所以增加庫存」只是頭痛醫頭，腳痛醫腳，要是繼續追問「為什麼會庫存不足？」，說不定原因是「銷售與庫存無法連動」。

切記！
邏輯思考
錦囊

有利發散的腦力激盪會議

◆以腦力激盪會議集結創意吧

非邏輯人對於問題點和對策的意義不同，理解程度不足。針對為何業績變差，如果沒有正視根本原因，將如同邏輯人所言，頂多只能頭痛醫頭，腳痛醫腳吧。

邏輯人採用的方式為召開腦力激盪會議。廣告公司稱腦力激盪會議為動腦會議，一旦確認會議的目的，隨即透過動腦，發揮豐富的創意。最後則進行收斂，濃縮篩選出比較出色的創意。

腦力激盪會議的原則為以下五點：①捨棄固有觀念和常理（歸零思維）、②不計內容為何，提出大量構想（重量不重質）、③「堅守三不」（不批判、不爭辯、不嘮叨說明）、④以他人的創意和既有的線索為參考，激發靈感、⑤以逐條列出的方式記下創意構想。進行「發散．收斂」時，揮灑創意（發散）和評論（收斂）必須分別實施。

◆富士軟片的成功

因數位相機的問世，軟片業界受到極大的衝擊。相對於柯達軟片的倒閉收場，富士軟片的營業額則是維持超過數百億日圓的黑字。

富士軟片存在能毫無顧忌地暢言問題點的企業文化。討論問題點和解決對策時，並無職等高低之分，最後會秉持客觀的立場，採用優異的方案。評選基準不在於提案者是誰，而是看哪個方案對組織而言效益最大，然後由單位主管作主決定。或許正因為如此，目前富士軟片還跨足化妝品等其他產業，改以多角化經營，並藉此成功避開了經營危機。

有利發散的腦力激盪會議

【腦力激盪會議的原則】
訣竅為隨心所欲揮灑創意

① 捨棄固有觀念和常理（歸零思維）
② 不計內容為何，提出大量構想（重量不重質）
③「堅守三不」，不批判、不爭辯、不嘮叨說明
④ 以他人的創意和既有的線索為參考，激發靈感
⑤ 以逐條列出的方式記下創意構想

用途
●大家一起提出問題點時。
●大家一起激發創意和思考對策時。

CASE 20

察覺大量問題點之時，首先該做什麼？

針對顯而易見的問題點，打算討論對策的非邏輯人

非邏輯人受命檢討前次的錯誤，不可將業績不佳的問題點和對策混為一談。於是他要求部下只寫出問題點就好，並且採用一張便利貼代表一個問題點的做法，結果十名部下共提出了兩百個問題點。由於數量過多，所以他指示大家每人挑出三個自認為重要的問題點，以此濃縮篩選出三十張便利貼。接著他再把雷同的問題點整合為一，最後得到二十個重要的問題點。

非邏輯人說法

只要重視每個人察覺到的問題就行了

提出大量問題點的做法根本毫無意義。由於要得到全體人員的認同並不容易，因此讓每個人各自提出兩三個自認為重要的問題點，是正確的做法沒錯。然而，針對他人提出的問題點，我總覺得沒有太大共鳴。

把類似的問題點加以集中歸類的邏輯人

邏輯人利用便利貼，讓十名部下提出兩百個問題點。然後，他要求每個人一一唸出便利貼的內容，並貼在牛皮紙正中央，一旦有類似的問題點出現，就一起貼在附近。一再反覆這個動作，最後所有的便利貼都被貼在牛皮紙上。

接著他用簽字筆把內容類似的便利貼框起來，並把「會計問題」、「行銷問題」等歸納問題點的字眼寫在便利貼上，當成群組名稱貼在牛皮紙上。透過這種方式，他把類似的問題點加以集中歸類，同時賦予群組名稱，最後便成功掌握了問題點的全貌。

邏輯人說法

只要加以分組歸類，就能輕易掌握全貌

將類似的問題點加以分組歸類，屬於資訊整理的基本動作。一旦分組歸類，並寫出代表各組內容的群組名稱，便能掌握全貌。接著再將名稱標籤進一步分組歸類，然後貼上涵蓋範圍更大的分類標籤。只要讓大家針對每個分類標籤，舉手票選自認為重要的那張，最後票數較高的分類標籤，顯然就是重要性較高的問題點。

切記！
邏輯思考
錦囊

透過分組歸類進行資訊整理

◆集中類似的內容為資訊整理的第一步

資訊整理屬於「發散．收斂」的收斂步驟。透過分組歸類和重要性評估，可讓收斂順利進行。重要性評估即為力求重點、安排先後順序；至於分組歸類的方法，不妨來思考看看吧。所謂分組歸類，就是把類似的內容集中整合的意思。如果使用便利貼，由於能輕鬆地重複黏貼，因此分組歸類將可輕易進行。

使用便利貼時，一開始先由其中一人唸出便利貼的內容。其他人如果發現自己寫的便利貼有類似的內容，則跟著唸出，並貼在剛才那張便利貼的四周。舉例而言，一旦有人唸到有關品質不良的便利貼內容，凡是與品質相關的便利貼便跟著唸出，並一起貼在附近。

當集中數張便利貼之後，就能輕易思考群組的代表名稱。比方說另外寫一張「品質不良問題」的便利貼，然後貼在這類便利貼的附近。此外，如果用簽字筆把內容類似的便利貼框起來，各個群組的界線將變得一目瞭然。最後所有內容類似的便利貼，全都附有寫著群組名稱的便利貼。此外，群組的線框多達兩重或三重都無所謂。

◆一張便利貼寫一件事

將問題點分組歸類後，大家便能分享彼此察覺的問題。非邏輯人對於他人提出的問題點之所以缺乏共鳴，就是因為他無法像這樣分享彼此察覺的問題吧。公司內就算部門不同，也會抱持類似的問題。畢竟企業文化和業務結構都一樣，因此員工感受到的問題也彼此雷同。

基於此故，只要大家一起提出問題點，並彼此分享，將會發現「原來煩惱的人不是只有自己而已」。一旦得知還有同伴存在，不僅心情輕鬆許多，共同攜手改革的積極性也將大幅增加。

只要類似的內容相互集中，並貼上分類標籤，將可一覽全貌

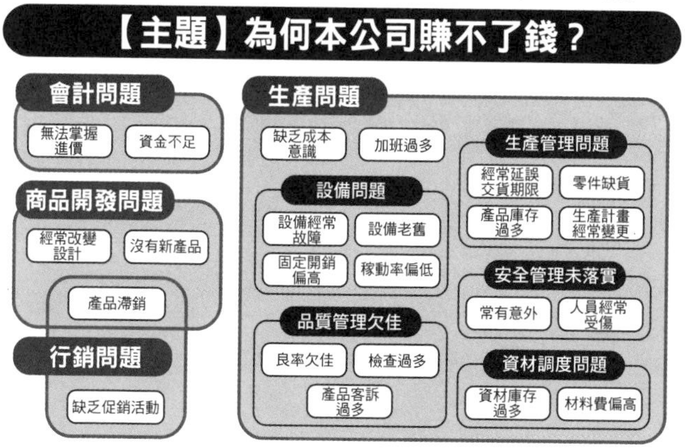
【主題】為何本公司賺不了錢？
會計問題
無法掌握進價
資金不足
商品開發問題
經常改變設計
沒有新產品
產品滯銷
行銷問題
缺乏促銷活動
生產問題
缺乏成本意識
加班過多
設備問題
設備經常故障
設備老舊
固定開銷偏高
稼動率偏低
品質管理欠佳
良率欠佳
檢查過多
產品客訴過多
生產管理問題
經常延誤交貨期限
零件缺貨
產品庫存過多
生產計畫經常變更
安全管理未落實
常有意外
人員經常受傷
資材調度問題
資材庫存過多
材料費偏高

CASE 21

大量資訊該如何整理為佳？

不知該如何整理才好而煩惱不已的非邏輯人

主管指示非邏輯人以逐條列出的方式，著手整理業績不佳的問題點，附帶條件是必須排出問題點的先後順序，並加以分組歸類。

於是他對著自己的電腦，嘗試將部下提出的問題點，以逐條列出的方式做成Excel檔案。雖然他列出兩百多個問題點，但對於接下來該怎麼做卻毫無頭緒，因為他不知道分組歸類的方法。

非邏輯人說法

如果採用逐條列出的方式，將難以進行分組歸類

雖然主管要求我以逐條列出的方式進行整理，但如此一來，將難以進行分組歸類耶。針對先後順序，只要挑出幾個重要項目即可，感覺沒什麼問題，不過接下來該怎麼分組歸類，就比較困難……

巧妙地完成先後順序的安排，並加以分組歸類的邏輯人

邏輯人也是將部下提出的問題點，以逐條列出的方式做成Excel檔案。不過，他並非獨自動手整理，而是和部下一起進行。首先，他要求會議主持人逐一唸出部下提出的兩百多個問題點。每唸完一個問題點，就分成五個等級評估先後順序。

接著進行分組歸類。他一邊考量公司的業務內容，一邊分出「行銷」、「採購」、「資訊系統」等群組，並採用英文字母標示如「A：行銷」、「B：採購」等，以此和代表先後順序的數字做出區隔。最後，他利用Excel的排序功能，將問題點依照分組歸類和五等級評估進行排序。

邏輯人說法

藉由安排先後順序與分組歸類來整理資訊，真是簡單極了！

資訊整理的捷徑，就是搭配運用先後順序安排和分組歸類，而且孰先孰後都無所謂。只要利用Excel製表，排序將十分簡單。如果使用投影機，無論多少人都能一起參與討論。此外，五等級評估用的數字和分組歸類用的英文字母，要是加註於每一條問題點的左側，將更容易辨識。

切記！
邏輯思考
錦囊

資訊整理捷徑①條列式資訊整理法

◆條列式資訊整理，就是分組歸類和安排先後順序

若以逐條列出問題點的方式進行腦力激盪會議，可把電腦接上投影機，並以Excel輸入資料。得以輕易排序的Excel檔案十分方便好用。

首先確認目的為能夠暢所欲言部門內部的問題，接著讓與會人員透過自由奔放的腦力激盪提出問題點，然後由負責記錄的人以逐條列出的方式輸入資料。大家不妨想出兩百多個問題點吧。

其次進入收斂步驟，建議先安排先後順序，再加以分組歸類。先後順序採用五等級評估較為方便，譬如「5：極度重要」。當意見分歧時，則以較高的評估等級為準。舉例而言，如果評估等級為5和3，便以等級5為準。畢竟只要有人主張等級5，就算只有一個人，要是被降低為等級4，就會有人因此心生不滿。由於不能委屈任何人，因此以等級5為準。

此外，如果屬於等級5的問題點太多，可從中進一步挑出更重要的項目，並標記為⑤。只要設定成「⑤＝6分」，便能濃縮篩選出最重要的項目。

◆進行分組歸類，並加以排序

安排先後順序後，接著進行分組歸類。只要根據公司的業務來思索，將可從中找到分類的線索。比方說「經營・計畫」、「人事・組織」、「行銷」、「採購」等。

各個群組以英文字母加以標註區分，比方說「A：經營・計畫」、「B：人事・組織」等。如果大家分工合作處理各個分類，將可在短時間內完成分組歸類。

安排先後順序和分組歸類雙雙完成後，接著利用Excel的排序機能，依照「群組→先後順序」進行排序。排序正是Excel的強項。

利用腦力激盪會議的資訊整理範例

①逐條列出之時

G 5 ■無法當場答覆有關交貨期的洽詢。
I 3 ■接單系統缺乏檢索機能。
M 4 ■接單後經常發生交貨日變更的狀況，一天約有三十件。
K 5 ■驗收進貨商品時，品質不良的商品偏多，尤其是K公司和P公司。 ⑤＝6
B ⑤ ■・・・・・・・・・・・・・・・・・・・
■・・・・・・・・・・・・・・・・・・・
■・・・・・・・・・・・・・・・・・・・
■・・・・・・・・・・・・・・・・・・・

評估：等級評估
分類：填入問題點的群組

重要性評估範例
5：極度重要
4：比較重要
3：普通重要
2：不大重要
1：完全不重要

問題點的切入範例 ※事先想好切入點為宜

A：公司方針、事業計畫、年度計畫相關
B：事業領域、目標客層、商品結構相關
C：事業環境的變化和因應
D：組織、權限、與其他部門的互動、營業所之間的互動
E：人才培育、人事、調職、招募
F：成本、毛利、價格策略
G：採購策略、行銷策略、營業所的營運
H：生產策略、商品開發策略、技術策略
I：資訊化、訂貨接單系統、IT化
J：業務的標準化、效率化
K：物流策略、庫存、商品管理
L：顧客需求動向
M：溝通、幹勁、企業文化

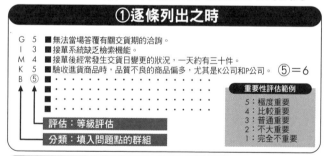

CASE 22

如何利用便利貼整理資訊？

不知該如何整理而苦惱不已的非邏輯人

這次主管指示非邏輯人利用「便利貼」整理業績不佳的問題點，附帶條件是必須排出問題點的先後順序，並加以分組歸類。

非邏輯人已經學到只要把內容類似的便利貼集中，便可加以分組歸類。不過，對於該如何安排先後順序，依然搞不太清楚，這讓他有點想要舉雙手求饒。

非邏輯人說法

如果寫在便利貼上，整理起來相當吃力

要是把問題點寫在便利貼上，便可輕易收集大家的意見，因此這個方法不錯。不過，我發現接下來的整理相當吃力。沒有其他更好的方法嗎？先寫在便利貼上，然後以逐條列出的方式做成Excel檔案加以整理，感覺比較容易執行。

排列矩陣（表格）進行分類的邏輯人

邏輯人打算於白板上整理便利貼。他先進行分組歸類，再以五個等級安排先後順序。接著將內容類似的便利貼加以集中，然後搜尋能整合這些同質性便利貼的共通主題。最簡單的共通主題搜尋法，就是依業務內容別進行分類，諸如「經營問題」、「行銷問題」、「採購問題」等。一旦在白板上排出矩陣（表格），再把便利貼加以分類，將變得一目瞭然。

最後將便利貼逐一排出先後順序。每唸完一張便利貼，認為重要的人則舉手，同時清點舉手人數。如果在場人數共七名，滿分便為七分。

邏輯人說法

利用白板整理便利貼相當簡單

最近訴求無紙化的公司不少，因此以白板取代牛皮紙來黏便利貼，也是一種方式。如果使用白板，與會者可一起圍著白板，愉快地進行會議。由於大家共同參與書寫及整理便利貼，因此所有與會者的一體感和共識度將大幅提升。就我的經驗而言，盡可能採用大一點的白板比較好。

切記！
邏輯思考
錦囊

資訊整理捷徑②利用便利貼的資訊整理法

◆利用便利貼的資訊整理，以白板或牛皮紙較為方便

非邏輯人之所以為了整理而苦惱，是因為他不知道利用排列矩陣來整理便利貼的方法。將便利貼分組歸類時，以矩陣來整理的效果極佳。各位不妨把牛皮紙擺在桌上，當成襯紙使用，或是一起圍著大型白板進行討論。

接下來，由某個人唸出自己寫的便利貼內容。凡是在便利貼上寫出類似內容的人，便跟著唸出，並把便利貼一起貼在附近，然後再換下一個人唸出自己的便利貼內容。這樣的動作反覆數次後，最後將出現幾個由內容類似的便利貼集中而成的群組。

再來則要思考應以哪些群組名稱進行分類。群組數以七個左右為上限，譬如總公司業務、行銷、物流業務、商品開發、設計業務等，以公司的組織分工為參考也是一種做法。將各個群組寫在便利貼上，並貼於最上方，然後以直線區隔彼此。

此外，再把對象部門或組織名稱寫在便利貼上，由上到下貼於最左側，同時畫上橫線，就能把上下區隔開來。

◆完成整理後，便安排先後順序

以矩陣將便利貼分組歸納後，接著就要安排先後順序。除了五等級評估之外，也能採用舉手投票的方式決定先後順序。

首先選定主持人，由他逐一唸出便利貼內容。唸完後，隨即請認為重要的人舉手。打個比方來說，如果在場人數共七名，滿分便是七分。要是全員舉手則得七分，五到七分屬於順位比較優先的內容。

以便利貼排出矩陣時，可用智慧型手機等拍照。只要補拍幾張放大版的照片，便利貼上的小字也能看得一清二楚吧。

利用腦力激盪會議的資訊整理範例

②利用便利貼之時

問題的切入點 / 對象部門・業務	總公司業務	生產・採購	行銷・物流	商品開發・設計	組織・企業文化
總公司	4 3	4 5 3	3 4 3		4 3 5
分公司	3 5 4	5 3 4	5 5 4	3 3 4	3 4 3
工廠		4 5 4	3 5 5	3 5 3	
關係企業	5 4 5	3 3 5 3	4 3 5	3 4 3	5 4 3

CASE

23 花在會議上的時間有大問題！該如何是好？

打算縮短全部會議時間的非邏輯人

會議時間過長，引發部門內部熱議。基於此故，公司決定成立會議時間壓縮委員會，由非邏輯人負責推動委員會的運作。非邏輯人的執行方針是「將全部會議的時間縮短十分鐘」，比如一小時的會議，則強制於五十分鐘之內結束。

於是，他立刻決定在各個會議中安排時間監控員，同時每天必須向委員會報告監控結果。不過，此舉卻讓大家覺得「管太多了」，導致怨聲四起。

非邏輯人說法

如果會議時間能稍微縮短一些，效率應能大幅提升！

如果會議時間能縮短十分鐘，效率應能大幅提升。針對壓縮會議時間的方針開口抱怨前，不妨先想想如何提高會議的效率吧。雖然我被當成壞人，不過大家原本就對冗長的會議感到相當厭煩，不是嗎？真是一群只在乎自己而亂發牢騷的傢伙。

全面檢視開會必要性的邏輯人

會議時間過長，引發部門內部熱議，結果邏輯人受命帶頭組成會議時間壓縮委員會。他提出的方針為「取消例行會議」，萬一無法取消，則落實「把兩個以上的會議整合為一，減少開會的次數」。

提出這兩個方針的同時，他還把過去一個月召開部門會議的狀況，整理成一覽表，結果發現流於形式化的例行會議實在不少。透過會議的取消和整合，應能把會議時間縮短百分之四十。

邏輯人說法

只要減少開會次數，就能變成治本的對策！

強制結束尚未整合出結論的會議並不合理。如果不開會，工作便能順利進行，倒也無可厚非。不過我十分明白有些會議非開不可，因此要是能把兩個以上的會議整合為一，按理來說，與會人員也比較容易安排時間。

切記！
邏輯思考
錦囊

直接激發靈感的ECRS

◆ECRS為改革方案．改善方案的線索搜尋法

整理問題點，並把無謂或費時的工作分享給同事知道後，接著便思考改善方案與改革方案。此時能派上用場的切入方式就是ECRS。E（Eliminate）、C（Combine）、R（Re-place）、S（Simplify）四者當中，以E為成效最好的改革方式，其次為C。思考改革方案時以E和C的效果較好，思考改善方案時則以R和S的效果為佳。

E屬於歸零的對策，諸如「放棄、捨棄」等。舉例而言，虧損部門的裁撤就屬於E的對策。C則為「整合、合併」。如果把兩個以上的組織加以整合，便能透過重複業務的效率化、繁忙程度的平均化，得到改革的效果。此外，企業合併也屬於C。

思考過E和C後，接著思考屬於R的「替換」對策，替換的對象包括「人員、事物、時間、地點」。比方說人員的R為員工的兼職化，把工廠遷往海外，屬於地點的R。至於S，即為在目前為止的延長線上追求效率化和單純化，諸如縮短開會時間就是S，不過取消會議則屬於E的對策。

◆從E著手進行吧

由於E的成效最好，因此先思考E的對策。進行整理整頓時，也建議依照ECRS的步驟順序。首先，捨棄不需要的部分就是E；其次如同邏輯人整合會議一般，把類似的事物集結為一就是C；R為費心編排，以容易搜尋的方式加以收納；S則為簡化。

斷捨離為運用瑜珈三大修行「斷行」、「捨行」、「離行」的身邊物品整理術。斷絕並捨棄不需要的物品，然後擺脫物欲，就是斷捨離，也正是ECRS的E。因此，大家不妨就從E著手進行吧。

ECRS為激發改善・改革靈感的線索

ECRS（放棄→整合→替換→簡化）

優先度	ECRS	內容	範例
1	E（Eliminate）	放棄、斷絕、捨棄、裁撤	●裁撤虧損的分公司 ●放棄不良債權
2	C（Combine）	整合、合併、統一	●將兩家分公司整合為一 ●整合組織
3	R（Re-place）	替換（人員、事物、時間、地點）	●業務外包 ●以兼職人員替換正職員工
4	S（Simplify）	簡單化、單純化	●進行改善，縮短時間 ●讓事情一次就搞定

●先從最不費事的「能放棄嗎？」開始思考。
●如果辦不到的話，則針對兩項以上的事物思考「能否整合」。
●最後再思考能否「替換」、「簡化」。

CASE 24

改善有所極限！若不去思考徹底的改革……

主張只要徹底進行現狀分析就好的非邏輯人

非邏輯人被調到經營企劃室。公司連續兩季赤字，為了徹底改革，經營企劃室接到擬定未來三年計畫的任務，於是室長召集部下徵詢意見。非邏輯人提議：「我認為只要以徹底分析現狀、釐清問題點、進一步降低成本等方法進行改善，將不再出現赤字。」不過他卻遭到其他同事圍剿：「不能只訴求效率化和降低成本，必須從根本進行改革才行。」

非邏輯人說法

只要把目前的問題點掃蕩一空，應該就能落實改革

為什麼大家都反駁我的看法？只要徹底解決目前的問題點，應該就能落實改革。由於目前呈現赤字，如果降低成本，就可以向前邁進一步。為什麼如此簡單的道理，大家不能理解呢？我覺得因為這是單位菜鳥提出的意見，所以才遭人反對。

提議共同勾勒三年後應有雛形的邏輯人

邏輯人被調到經營企劃室，並參與擬定未來三年計畫的任務。同事們齊聚一堂，進行意見的交流，結果室長問了一句：「邏輯人的看法如何？」

邏輯人表示：「我們應該勾勒公司三年後的雛形，要是從現狀的延長線上著手，將無法擺脫一直以來的赤字。」室長再問：「具體方案為何？」邏輯人繼續說明：「我們公司賣的是所謂產品的硬體，不過硬體因削價競爭而沒有利潤。現在是訴求軟體的時代，如果沒有提高服務層面的業績，將無法獲利。舉例而言……」

邏輯人說法

改善必須進行現狀分析，改革則須勾勒「應有的雛形」

之前已做過了不少現狀分析，但卻無法讓事業的方向性徹底改變。原本砌好的磚牆出現鬆動時，如果採用只針對這個部分加以補強的方法，其實效果有限。相對於此，以鋼筋搭造，再貼上牆板的建築方式，不僅強度足夠，還能於短時間內完成。以鋼筋搭造應有的雛形，然後再充實內容，才算是治本的改革吧？

切記！
邏輯思考
錦囊

勾勒應有的雛形，再加以驗證的假說思維

◆假說思維和現狀分析思維的不同

為了改良現狀，做法有二。一是如同非邏輯人一般分析現狀，然後解決問題點的改善型做法；另一個則是如同邏輯人一般，勾勒前所未見的應有理想雛形，然後一鼓作氣地付諸實現的改革型做法。由於這次的任務是進行改革，因此對於非邏輯人提出的改善型方案表達反對意見的人不少。

我們通常習慣於改善型的做法。舉例而言，品質不良的狀況或客訴較多時，就必須予以改善。亦即先進行現狀分析，找出問題點，然後擬定對策。

不過光靠一次又一次的改善，無法達成劃時代的改革。打個比方來說，開發劃時代的新商品時，如果採用改善型的做法，將無法產生新的創意，此時就要備妥應有雛形的假說。戴森（dyson，英國電器品牌，為世界首家研發生產旋風分離式吸塵器的公司）的「無葉風扇」，若當初只進行改善就無法問世，應該是他們仔細思考何為劃時代的風扇後，最後決定以無葉風扇為應有的雛形吧。

正是因為存在應有的雛形，才能義無反顧地轉換思維。

◆驗證假說的作業流程

因應需要，就算加以修正應有的雛形也沒關係。所謂應有的雛形為一種假說，雖然當下不確定是否正確，但透過備妥假說，將能轉換出劃時代的思維。為了提高假說的精確度，有個可供驗證的作業流程，即為「假說．執行．驗證」。擬定假說後，接著便針對假說是否正確，進行調查和實測，然後加以執行。如果有必要的話，則修正應有的雛形。

近年來，改革型做法的需求漸增。為了追求改革的作業流程為何，最好牢記腦海之中。

創造目前並不存在的事物時，務必將應有雛形勾勒成假說，然後一鼓作氣地付諸實現

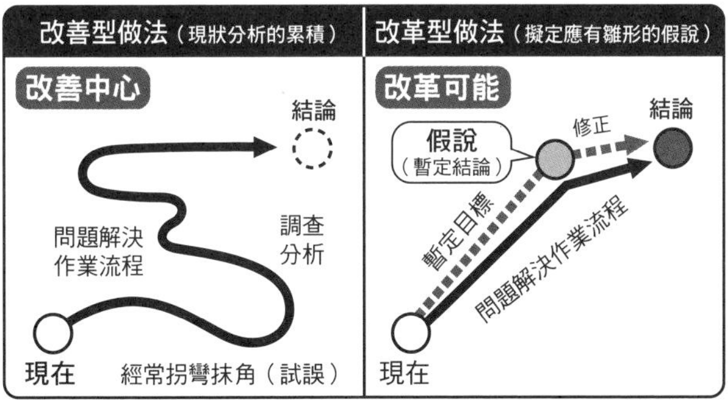

●只要備有假說（暫定結論；原案），便能以最短距離導向結論。
●只要勾勒三年後應有雛形的假說，便能落實改革。

第 4 章

製作資料得以意到筆隨的寫作術

CASE 25

文章淺顯易懂的程度有所差別之時

用語讓閱讀者看不懂的非邏輯人

非邏輯人自信滿滿地提出企劃書，不過卻遭主管指謫：「你的企劃書中，讓人看不懂的用語好多，能不能寫得淺顯易懂一些？」主管接著說道：「譬如你提到保全方式採用非接觸式，但具體而言是什麼樣的方式，我完全無法想像。」

雖然非邏輯人當場離開了，不過他似乎難以服氣。

非邏輯人說法

既然身為高層，就該多用功一點嘛！

畢竟身為主管，好歹也有點知識水準嘛。既然是成年人，就該懂得從文理推敲語意。如果是嫌我內容不夠好倒也罷了，不過幹嘛連這麼細枝末節的部分都要我一一修改啊，真是找麻煩耶。

適度加入用語解說的邏輯人

邏輯人提出的企劃書為關於強化公司保全的內容。他建議導入可與員工證並用的非接觸式門禁卡，同時說明非接觸式門禁卡與用於鐵路運輸的西瓜卡（由東日本旅客鐵路株式會社發行）和ICOCA（由西日本旅客鐵路株式會社發行）相同，屬於利用ＩＣ晶片的方式。

此外，他還附上其他公司的導入案例，作為參考資料用，同時也備妥分析導入優缺點的參考資料附件。

凡是邏輯人提出的企劃書，一律就像這樣，總會附上切中要點的用語解說和參考資料。

邏輯人說法

我的思考前提是，專門用語務必讓人理解

對於閱讀者而言，光是文中含有看不懂的用語，就無法充分理解內容。有些主管和客戶還會就此放棄詳讀企劃書。

此外，就算認為某個用語只有極少數人不知道，我也會稍微附上簡單的說明。

切記！
邏輯思考
錦囊

先搞清楚閱讀者理解文章的機制吧

◆人們往往先搜尋自己的資料庫以設法理解

構想淺顯易懂的文章前，不妨先思考看看人類閱讀時的機制為何。閱讀書籍時，人們會檢索自己大腦中的記憶資料庫，然後把目前閱讀的內容，和記憶進行比對判斷。若這些內容存於記憶當中，我們自然就能理解，但萬一包含記憶中沒有的單字，當下將無法理解。想當然耳，如果闡述的道理矛盾不通，也一樣無法理解。

淺顯易懂的內容，就是文中採用了存在閱讀者記憶中的詞彙，若為記憶中沒有的詞彙，就得比照邏輯人的做法，加上用語解說，並以此更新儲存閱讀者的記憶資料庫。此外，要是內容矛盾，閱讀者將放棄理解，做出難解、無法苟同等反應。

所謂淺顯易懂的文章，就是字裡行間含有閱讀者記憶中的單字、經驗，符合閱讀者所知常理的文章。此外，要是加入過多資訊量，也有礙理解，因此減少每篇文章的資訊量為基本原則。

◆沒想到竟然挺難理解的指稱詞

指稱詞過多時，將讓閱讀者感覺吃力。所謂指稱詞，即為「那個」「這個」等。一旦出現指稱詞，閱讀者總會心想「剛才的內容是什麼？」而只好回頭重讀。回頭重讀的麻煩性，往往讓閱讀者留下「不容易閱讀」的印象。

國文測驗中，通常會出現找出「指稱詞為何？」的考題。換言之，指稱詞的難度之高，甚至可拿來當考題出題。如果職場用的文章也要搜尋指稱詞所指為何，實在有些不妥。打個比方來說，不要寫「關於那件事」，而是寫成「關於人事考核」，多花一點工夫加上具體的詞彙，藉此大幅提升閱讀者的好感。

人類會使用自身記憶的資料庫進行思考

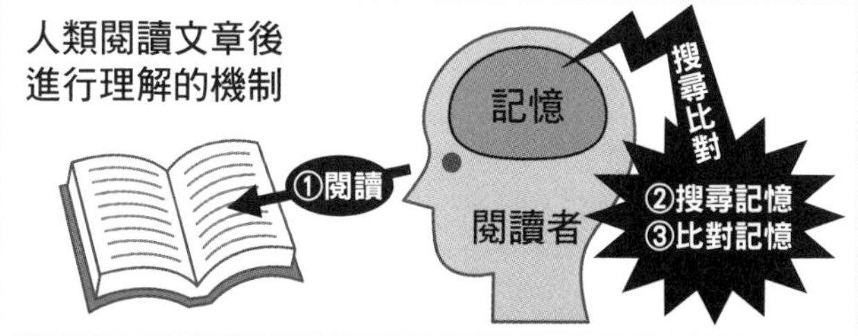

④判斷

記憶中的單字	和截至今日為止的理解一致（符合閱讀者所知常理）	簡短的文章
有過經驗的內容	合乎道理的內容	適量的資訊（得以毫不勉強地輕鬆思考）

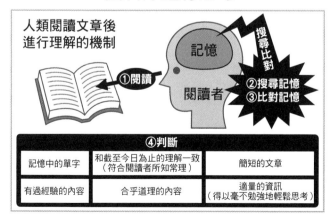

CASE 26

能簡短歸納成一句嗎？就算句子不長，也能寫得十分詳盡嗎？

每個句子都很長的非邏輯人

非邏輯人受主管之託，負責為三個月後出刊的公司刊物寫稿，篇幅共六頁，題目為「營業部業務介紹」。經過兩個月的奮力苦戰，他終於完成寫稿並交給主管。結果，回到他手中的稿件被改成滿江紅。主管表示：「非邏輯人，你的文章十分艱澀難懂耶，句子太長，讓人覺得不知所云。不好意思，麻煩你參考紅字部分，修改一下好嗎？」

非邏輯人說法

我想寫的內容好多嘛～

畢竟機會難得，我希望沒有業務經驗的同仁，也能藉此了解營業部的工作內容，所以才寫這麼多。話說回來，主管說我的文章不知所云，未免太侮辱人了吧？如果不滿意，那他乾脆自己動手寫嘛，愛寫什麼就寫什麼。

每個句子都控制於四十字以內的邏輯人

邏輯人也受主管之託，負責為公司的刊物寫稿，題目為「營業部業務介紹」。結果，他決定先仔細思考閱讀者感興趣的是「營業部的業務內容？還是跑業務的甘苦談？」。

主管要求他把文章寫得淺顯易懂一些，於是他想起一句話、一個訊息的寫作基本，意思就是一個句子只交代一件事。當他完成寫稿並交給主管後，雖然稿件中有幾個修改之處，但還是被主管誇讚：「文章十分淺顯易懂喔。」

邏輯人說法

一個句子當中的資訊量如果太多，將變得艱澀難懂

一個句子當中如果塞進太多內容，將變成複雜的句子。舉個實例，有個人一說起話來，直到句點（語句結束的標點符號）為止，約能說上兩三分鐘。他總是把話說得又臭又長：「因為——，所以——，然後——，那時候由於——，因此——。」要是問他：「總而言之就是——嗎？」他立刻答道：「正是如此！」我認為這種人實在沒有好好整理自己的腦袋。

切記！邏輯思考錦囊

容易閱讀的文章為一句話、一個訊息的堆疊累積

◆一個句子要交代的事只有一件

打個比方來說，與他人進行商討時，如果對方一口氣說了一堆話，你的感覺如何？應該變得不知對方所云、無法思考、腦中一片混亂吧。同樣的道理，所謂艱澀難懂的文章，就是讓人腦負責思考的區域塞滿資訊，導致資訊的輸入及處理逼近上限的文章。

內容拐彎抹角或過於冗長的文章，都很容易導致資訊過多。此外，就如同第一百二十二頁中出現的非邏輯人主管一般，一旦讀到許多不知道的詞彙，或是屬於自己未知領域的內容，多半無法完全消化吸收，進而造成資訊爆滿、思緒中斷。

所謂淺顯易懂的文章，要點包括語句簡短、一個句子中只含一個資訊、採用閱讀者所知詞彙等。一個句子中只放入一個資訊，稱為一句話一個訊息。如果想寫的事情超過兩件，那就多分幾句來寫。就算沒有特殊的才能，只要一心力求簡明扼要，便能寫出淺顯易懂的文章。

◆一句話控制於四十字以內

最簡單的一句話一個訊息，就是每個句子刻意控制於四十字以內。比如可利用Word等文書製作軟體設定每行四十字，然後刻意寫出不超過一行的句子，結果即為一句話一個訊息。萬一超過四十字，也無須因此變得神經緊張，耿耿於懷。

只要落實一句話一個訊息，主詞與述詞的關係將趨於明確，進而變成淺顯易懂的句子。如果無論如何都想要強調前後句的關聯時，則以連接詞串聯即可，不過連接詞也不宜過多，如此才能寫出淺顯易懂的文章。

秉持一句話一個訊息，
一個句子想寫的事只有一件

✕同時存在兩個問題點

營業部多半預先備貨，由於尚未接到訂單便先備貨，因此資材部的庫存漸增，經常發生評價損失（時價低於採購當時價格）的情形。

○分成兩句

營業部多半預先備貨，尚未接到訂單便先備貨。

資材部的庫存漸增，經常發生評價損失的情形。

●一個句子只交代一件想要表達的事，切勿貪心。
●如果事情不只一件，就多分幾句來寫。

對策　一個句子控制於四十字以內（以Word製作，控制於一行以內）。

CASE 27

撰文前應有的前置動作為何？

浪費時間於回頭重讀的非邏輯人

非邏輯人為公司刊物撰寫的稿件被主管改成滿江紅，並退還給他。他反覆重讀好幾遍，終於完成修改。為了改稿，他花了數倍的時間重讀，畢竟為了確認修改後的內容是否前後通順，的確得花費一些時間。不過原以為終於改完，卻發現字數多出數千字，於是只好再度進行修改並回頭重讀。他十分擔心直到完成為止，不知道還要潤稿多少次。

非邏輯人說法

咦？我寫到哪裡了啊？一直反覆重讀，好累喔！

寫作實在很不容易，我老是在想「寫到哪裡了啊？」、「剛才似乎寫過同樣的內容耶。」看不清楚文章的全貌。由於一再反覆重讀，因此我的眼睛十分疲勞。如此一來，恐怕會影響到我原本跑業務的工作，我果然對寫作很不在行。

能意到筆隨地提筆寫作的邏輯人

邏輯人心想，該怎麼做，才能以最小的修改幅度，短時間內寫出公司刊物要用的文章。於是他針對前次的寫稿，分析各項作業花了多少時間。結果，他發現花在回頭重讀的時間，完全超過其他作業。

接著他又思考為什麼花在回頭重讀的時間如此之多。結果，他察覺因看不清文章的全貌，所以得回頭重讀，以確認寫好的內容和接下來要寫的內容，是否銜接流暢且前後通順。基於此故，為了把回頭重讀的次數降到最低，他詳細地列出目次，並且針對目次中的每個標題，事先擬定撰寫的內容。

邏輯人說法

只要先清楚地列出目次，就算沒有回頭重讀，也應該能繼續寫下去

寫作時最令人苦惱的是搞不清楚「（接下來）該寫些什麼？」、「（剛才）寫了些什麼？」，只要能於編列目次階段確定撰寫的內容，理應能省下重讀完成部分的工夫。此外，針對每個標題，如果以逐條列出或關鍵字的方式，備註「這個段落打算表述什麼？」，或許就不會搞不清楚應該撰寫的內容。

切記！
邏輯思考
錦囊

寫作的捷徑步驟

◆設定主題↓目次↓關鍵字↓圖表↓文章，依照這個順序撰寫吧

各位是否思考過，完成一篇文章前，共有哪些步驟？每個步驟花了多少時間？其實相較於撰寫時間，大部分人花在回頭重讀的時間，反而多上數倍。如果再加上修改文章的時間，估計有八成以上的時間，都被用來回頭重讀和潤稿。

為了把回頭重讀和潤稿的時間壓縮到最短，請各位牢記以「設定主題↓目次↓關鍵字↓圖表↓文章」的順序來完成寫作。首先，設定主題時，必須製作文章的「企劃書」，擬定主題名稱、概念、表述內容等。編列目次時，必須以標題的形式，確定九成以上的撰寫內容；此外，必須針對目次全面檢查是否缺漏或重複必要的項次，以確保符合MECE原則（見第二十二頁）。接著，為了確定每個標題的撰寫內容，務必運用關鍵字或逐條列出的方式備註內容，避免遺忘。如果需要圖解，則全數做好備用；藉由事先備妥圖解，將能讓內容具體可見。最後則是把文章完成。

◆切勿直接提筆寫作

要是貿然展開寫作，將浪費許多時間在回頭重讀上。若問原因為何，這是因為我們往往忘記自己寫了些什麼。尤其萬一寫到一半突然喊停，當又要提筆撰寫時，則得回頭重讀之前寫好的部分。畢竟接下來要追加的內容，必須與先前的內容保持連貫通順。

如果要暫停寫作，至少等到一個小標題的內容全部寫完。一個標題的篇幅，不過是一兩張作文稿紙（四百字）而已。如果針對某個標題要寫什麼內容，花了許多時間猶豫的話，代表自己對於「該寫些什麼」，根本毫無頭緒。

寫作的步驟
「目次→關鍵字→圖解→文章」

步驟1　設定主題
- ○對象讀者
- ○主題名稱
- ○目的
- ○表述內容
- ○語氣（語帶尊敬、語帶輕鬆）
- ○交出期限

步驟2　編列目次
- ○蒐集資訊
- ○規劃章節
- ○依照「章節→大標題→小標題」的順序編列目次

步驟3　追加關鍵字　繪製圖解
- ○針對每個小標題，寫出撰寫內容的關鍵字
- ○繪製圖解・圖表（圖解・圖表全部事先備妥）

步驟4　撰寫文章
- ○一鼓作氣地撰寫文章（完成一個標題前不可中斷）
- ○寫完後進行校對

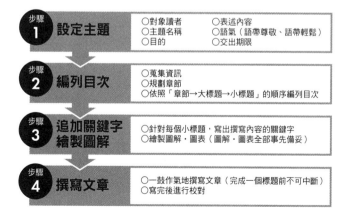

CASE 28

必須撰寫長篇大論時

常覺得整篇文章的架構不大對勁的非邏輯人

從去年起，非邏輯人開始到平日晚上和星期六有開班授課的研究所在職專班上課。

雖然他終於要畢業了，但必須寫出大約七萬字的畢業論文才能畢業，然而他的有薪年假已經全部用光，情況相當不妙。他姑且先寫出了三萬字左右，後續則利用空檔撰寫，因此每次又要提筆撰寫時，總得回頭重讀之前寫的部分，否則想不起來自己寫了些什麼。

結果日子一天天地過去，而他的腦袋卻是一片混亂，導致論文毫無進度。

非邏輯人說法

潤稿好費事，回頭重讀也好累人

就算先試著列出目次，如果要寫到七萬字的話，恐怕十個或二十個標題還不夠。雖然我姑且訂出十四個標題，不過一個標題要寫出五千字……實在毫無頭緒該寫些什麼才好。

整篇文章的架構淺顯易懂的邏輯人

換個場景，邏輯人同樣正在撰寫研究所在職專班的畢業論文。要寫出七萬字，就得訂出不少標題。要是每個標題寫七百字，便需要一百個標題。話雖如此，如果逐條寫出一百個標題，就算是邏輯人自己，也無法掌握整體故事的展開。

這時候，他想起以前學過的邏輯樹，也就是把資訊區分層次，進行整理的邏輯樹。為了讓一百個標題容易辨識，他認為大分類、中分類、小分類的三段式層次區分絕不可或缺。

邏輯人說法

只要明確列出目次，便能輕易掌握整篇文章

我曾聽說如果希望文章全貌能一目瞭然，標題頂多七個為宜，萬一超過七個，則得試著區分層次。如果一個標題寫七百字的話，得有一百個標題才能寫出七萬字，如此一來，兩個層次（大分類和中分類）似乎不太足夠。因此，我決定以三個層次編列目次，大分類為章節，中分類為大標題，小分類則為小標題。

切記！
邏輯思考
錦囊

架構文章時也能派上用場的邏輯樹

◆以邏輯樹編列目次

邏輯樹為根據大小或因果關係，區分層次並加以排列的資訊整理法（見第五十頁），各位不妨利用這個整理法編列目次吧。此外，對於整體目的而言屬於必要的資訊，則要符合MECE原則（見第二十二頁），以提高邏輯樹的完成度。

如果要寫出一萬字的文章，那麼分成「大標題．小標題」兩個層次就足夠了。打個比方來說，如果分成五個大標題，則一個大標題得寫出兩千字；如果一個大標題分成四個小標題，則一個小標題得寫出五百字。一個標題只表述一種內容，如果表述的內容超過兩個，則追加擬定標題。

如果要寫出七萬字的文章，則以「章節．大標題．小標題」三個層次排列邏輯樹。打個比方來說，如果有七個章節，則每章得各寫一萬字。無論是一萬字，還是七萬字，每個小標題的篇幅約為一兩張作文稿紙。只要能以邏輯樹編列目次，並寫出一兩張作文稿紙的篇幅，這樣的人應該有辦法寫出數萬字。

◆編列得以看出整篇文章架構的目次

目次的編列，必須讓執筆者自己看一眼，便能掌握整篇文章。這時候，不妨於標題中加入一些關鍵字，讓自己想起原本打算撰寫的內容。舉例而言，如果標題為「日本少子化導致前景堪憂」，應能據此聯想準備撰寫的內容為「日本的狀況」、「少子化現狀」、「為何前景堪憂」等。

編列目次時，應以完成九成以上的撰寫內容為目標。提筆寫作前，只要能把目次的完成度提升至此，便得以將回頭重讀和潤稿的時間壓縮到最短。

以邏輯樹區分層次（章節・大標題・小標題），編列目次

撰寫7萬字時

約7萬字≒1萬字×7個標題
舉例而言，假設一個章節寫1.5萬字，如果有7個章節，則字數達10萬字左右

- 第1章 專案的時代
- 第2章 專案成功的條件
- 第3章 專案推行方式
- 第4章 專案的要件定義
- 第5章 擬定專案執行計畫
- 第6章 專案的執行與評估
- 第7章 組織與團隊管理

將目次分成三個層次

第1章　專案的時代 ← 章節
1.何謂專案 ← 大標題
（1）專案的定義
（2）專案的分類
（3）專案的特徵
2.為何要採用專案
（1）必須打破現狀 ← 小標題
（2）既存組織的極限
（3）專案的活用案例

●以邏輯樹區分層次，編列目次。
●第一層＝章節，第二層＝大標題，第三層＝小標題。

CASE 29

那篇文章有寫到重點嗎？

寫作時，內容常見缺漏和重複的非邏輯人

只要把目次分成「章節．大標題．小標題」三個層次，便能寫出多達七萬字的文章。非邏輯人得知這個要領後，決定捲土重來，從編列目次開始進行。不過，雖然他已把目次分成三個層次，卻擔心如此是否妥當無虞。

當他找指導教授討論後，教授除了提問：「說服用的故事明確嗎？」、「能簡單扼要地闡述結論嗎？」另外還問：「有沒有缺漏或重複必要的項次？」

非邏輯人說法

缺漏和重複根本在所難免

在編列目次階段就得留意「有沒有缺漏和重複」——真的有必要如此神經緊張嗎？就算有所重複，反正又不會寫成一模一樣的內容。而且話說回來，只要是重點，反覆重提幾次，更能達到強調的效果呢。

寫作內容毫無缺漏和重複的邏輯人

邏輯人將目次分成「章節・大標題・小標題」三個層次進行編列，而且列出目次後，就此擱置兩三天。為了能秉持客觀的立場，毫無成見地徹查目次是否讓閱讀者感到一目瞭然，這幾天可謂冷卻期。

三天後，邏輯人把目次全部重新檢視一遍，結果，他發現必要標題出現缺漏、重複，而且有幾處故事情節的發展過於跳躍，於是加以修正。

隨後，他先把目次寄給指導教授，並於日後會面時補充說明。當場，他請教授指出難以理解的部分，最後終於在這個階段完成令人相當滿意的目次。

邏輯人說法

要是沒讓必要的項次達到毫無缺漏和重複的狀態……

如果於提筆寫作前的目次編列階段，讓必要的項次達到毫無缺漏和重複的狀態，事後將可省去大幅修改的工夫。只要查看標題，便能知道其他項次寫了些什麼，因此能減少回頭重讀文章所浪費的時間。一旦落實目次的編列，就能專注於數百字小標題的撰寫。

切記！
邏輯思考
錦囊

目次是否符合MECE原則為關鍵所在

◆編列目次時，就對有無缺漏和重複進行總檢查

目次務必區分層次，排列成邏輯樹。邏輯樹的附帶條件為毫無缺漏和重複，因此必須針對目次進行總檢查，確認根據文章主題所寫的內容，是否符合MECE原則。換言之，「章節．大標題．小標題」的所有項次，都必須符合MECE原則。

本書為了讓章節符合MECE原則，因而分成「思考術、時間管理術、創意動腦術、寫作術、交談術、說服術」六大項。此外，本書的主題是「活用於工作上的邏輯思考」。這六個章節是否真的符合MECE原則，有時候並不容易證明。

如果是數據化的內容，由於能憑「以上、以下、不足」判定，因此MECE原則的確認相當容易。不過，若為非數據化的項次，則難以證明是否符合MECE原則。要是一再反覆找錯，也沒有發現關鍵性的缺漏和重複，便可認定為大致符合MECE原則，然後進行下一個步驟。

◆目次完成前，絕不提筆寫作

編列目次時，確認「已充分思考過MECE原則」十分重要。要是展開寫作後才發現關鍵性的缺漏，就得進行修改。為了免於如此，編列目次後先暫時停工，就此擱置幾天，讓腦袋重置一下。過了一段時間後，再以歸零思維重新檢視目次。透過毫無成見或固有觀念地進行總檢查，應能提高MECE原則的完成度。

要把回頭重讀和潤稿的時間壓縮到最短，全仰賴目次的完成度。只要能妥善編列目次，便能提高寫作的效率。

編列目次時，必須針對攸關主題的項次，全面檢查是否符合MECE原則

為了能在工作中活用邏輯的必要知識

第1章「邏輯式」思考術
1.清除盲點的MECE思維
2.透過正反兩面思考，清除盲點的MECE思維
3.培養整體性觀點的「極大值→極小值」思維
4.依步驟思考的流程式思維
5.容易掌握整體性觀點的架構式思維
6.資訊整理的捷徑，邏輯樹思維

第2章「邏輯式」時間管理術
1.為了因應未來而運用今天的時間
2.根據重要性和緊急性，決定工作的先後順序
3.早上頭一件事便是列出待辦事項清單，擬定工作步驟
4.以一日三分法提高工作績效
5.只要拆解為四個步驟左右，大型工作也能有所進展
6.百分之五的自在，可創造新的自在

第3章「邏輯式」創意動腦術
第4章「邏輯式」寫作術
第5章「邏輯式」交談術
第6章「邏輯式」說服術

於編列目次階段，便符合MECE原則

●編列目次的階段，由於能一覽全貌，因此易於修改。

CASE 30

苦惱該寫些什麼的時候

忘記該寫些什麼的非邏輯人

非邏輯人以「章節．大標題．小標題」三個層次編列目次，同時也得到指導教授的認可。

不過他再度陷入窘境，忘記小標題中要寫些什麼。編列目次時，他曾在心裡擬好草稿，但等到真的要下筆時，卻想不起來原本打算撰寫的內容。

非邏輯人說法

真的要下筆時，卻不知道該寫些什麼

我果然對寫作不在行。每當準備下筆時，思緒總是十分混亂。就算查看事先寫好的標題，也想不出來原本打算寫些什麼。有沒有什麼比較好的方法啊？

先進行備註，再開始寫作的邏輯人

完成目次後，邏輯人於展開寫作前，通常會先做一個動作，那就是針對每個小標題，備註打算撰寫什麼內容。

舉例而言，在「何謂邏輯思考？」的小標題下方，可寫出關鍵字或條列式備註，諸如「道理明確且毫無矛盾」、「客觀性」、「與主觀性的比較」等。

如果小標題中打算放進圖表，則備註如「圖表：邏輯式故事展開範例」。所有的小標題都依照這種方式加上備註，正是邏輯人的做事風格。

邏輯人說法

為了避免一時忘記，不妨以列舉關鍵字的方式進行備註吧！

不少人覺得針對每個小標題加寫備註，等於同一件事做了兩遍。話雖如此，如果寫好文章又得修改，將浪費許多時間於回頭重讀上。務必於這個階段仔細檢查內容，如有需要便加以修改。這時候要改都還算簡單，馬上提筆寫作的話就不妙了。寫作前的準備動作，正是大幅壓縮寫作時間的訣竅。

切記！
邏輯思考
錦囊

可讓想寫的內容一目瞭然的關鍵字思維

◆邊寫邊思考將能留下記錄，思緒因此累積

完成目次後，便針對每個標題列出內容概要，即使只是寫出關鍵字或條列式備註也無所謂。至於該寫出多少關鍵字或備註，原則只要能讓自己想起原本打算寫些什麼即可。如果還不習慣這種方式，或許得寫出十個以上。

邊寫邊思考將能留下記錄，思緒因此累積。與其寫在筆記本上，最好能直接製作成Word檔案，便不用再重新打字。

不怕一萬，只怕萬一，寫作時建議密集地存檔。此外，如果完成到某個程度，只要利用Dropbox等雲端儲存服務，便能將檔案保存於網路平台中，令人十分安心。

就算雙臂抱胸苦思，寫作也不會有任何進展。邊寫邊思考將能留下記錄，思緒因此累積。編列目次時，不妨也邊寫邊思考吧。由於想到的內容往往立刻遺忘，因此最好一邊寫下來。

◆關鍵字是取出資訊的金鑰

位於大腦左側的左腦為認知語言、數字、公式、邏輯等的理性腦。換言之，文字於左腦進行認知。

左腦一旦認知文字，便將資訊傳達至右腦。右腦屬於感性的腦，以感情為重。舉凡圖形、印象、形容詞、感情等，全都存放於此。

由左腦傳來的文字，可開啟右腦中上鎖的記憶抽屜。右腦中存放大量的印象資訊，因此以關鍵字備註資訊，可成為取出執筆者腦中大量資訊的金鑰。

完成目次（標題）後，
針對每個標題附註關鍵字

第1章　何謂邏輯思考？

1. 究竟什麼是邏輯思考？

目次（標題）

（1）所謂邏輯思考，必須道理明確且毫無矛盾

何謂邏輯思考、連續思考與非連續思考、道理明確且毫無矛盾

任何人都能理解個中道理、並非混沌不明、客觀與主觀、何謂客觀

（2）為什麼現今必須以邏輯思考？

關鍵字

可用於哪些場合？交涉、外交、說服對方

現今有所必要的原因、對外交涉、溝通、表現力、說服、演說、簡報

2. 能以邏輯思考的人、不能以邏輯思考的人

（1）如何分辨能以邏輯思考的人與不能以邏輯思考的人

能以邏輯思考的人、一貫性、具說服力、讓不特定的多數人認同、理由明確、有結論

不能以邏輯思考的人、支離破碎、缺乏一貫性、缺乏原因、內容零亂、內容冗長

（2）邏輯思考與強詞奪理不同

強詞奪理為理由矛盾、無事實根據、需多加判斷

數據曖昧、證據曖昧、缺乏客觀性、積極表達自我主張

強迫他人接受自己的主張或結論、隱瞞不利於自己的內容、無法回答問題

CASE 31

寫作時是否活用了段落？

段落的行數經常有多有少的非邏輯人

非邏輯人提高了目次的完成度，終於展開論文的寫作。全篇共有七個章節，他已寫完第一章。為了慎重起見，他提早讓指導教授過目，並聽取教授的感想，結果得到的評語是：「段落長短的落差過大。」所謂段落為開頭空出兩個字的分段換行。非邏輯人的文章有時三行就分段，有時超過十行都沒分段，因此被教授指正每個段落最好統一於大約數行左右。

非邏輯人說法

我從來沒有刻意考慮如何分段啊！

我從來沒有刻意考慮如何分段，往往是想分段就分段。每寫幾行就分段，看起來的確感覺比較好，不過配合文章內容，有些段落超過十行，也有些段落三行就結束，這樣有何不妥嗎？

每寫幾行就分段的邏輯人

邏輯人認真閱讀商業類的暢銷書籍，悉心研究容易閱讀的文章。最近他發現這類書籍的寫法，具有每段控制於數行之內的傾向。他猜想閱讀者理當也習慣於這樣的寫法，於是刻意讓自己每寫幾行便加以分段。

此外，自從得知凡是淺顯易懂的文章，基本原則就是一句話一個訊息，甚至是一個段落一個訊息，他也把這個原則牢記在心。

雖然文中存在較長的段落未必不妥，但邏輯人還是期望自己寫出的文章，最好不會讓閱讀者讀得很吃力，因此他總是全力設法將每個段落控制於數行之內。

邏輯人說法

每寫幾行就分段，可讓文章變得易於閱讀

如果每行為四十字，原則上每寫幾行便分段；如果每行為二十字，我也會儘量縮短每個句子的長度。我十分建議每寫幾行便分段，每個段落的容許行數上限為十行。即使每行只有二十字，一旦段落行數超過十行，感覺將導致內容變得平淡乏味。

切記！
邏輯思考
錦囊

一個段落一個訊息，每寫幾行便分段

◆基本原則為一個段落一個訊息

雖然基本原則為一句話一個訊息，但一個段落一個訊息也是寫作時的基本原則。集結幾個句子（以句點「。」分隔的話語），便能形成一個段落。換言之，一個段落內的數個句子，必須構成一個訊息。

打個比方來說，假設得以一個段落表述「健康第一，讓我們留意身體健康吧」的訊息。光說這句話，一點說服力都沒有。基於此故，可集結諸如「失去健康令人情緒低落」、「變得懶得出門」、「腳力變差」、「做任何事都不開心」等句子，組合成一個段落。

如果打算表述不同訊息，譬如「促進健康的方法」等，則分段撰寫新的段落。

如上所述，一旦秉持一個段落一個訊息的原則架構段落，將可寫出淺顯易懂的文章。

◆寫幾行便分段，比較容易閱讀

近年來，即使為一般流通的書籍，別說是數行了，才兩三行便分段的例子愈來愈多。至於背景原因，則是透過畫面較小的智慧型手機進行閱讀的人與日俱增所致。比起長篇大論的文章，現今的趨勢為內容簡短且層次變化豐富的文章較受歡迎。

撰寫一個段落時，時時心想「總而言之，這個段落打算表述些什麼？」非常重要。換言之，就是得一邊思考打算表述的內容，一邊寫出二十字左右的簡短文句。執筆者一旦搞不清楚自己想表述的內容，握著筆的手也將停止不動。

針對每個段落，釐清「總而言之，究竟想表達些什麼？」

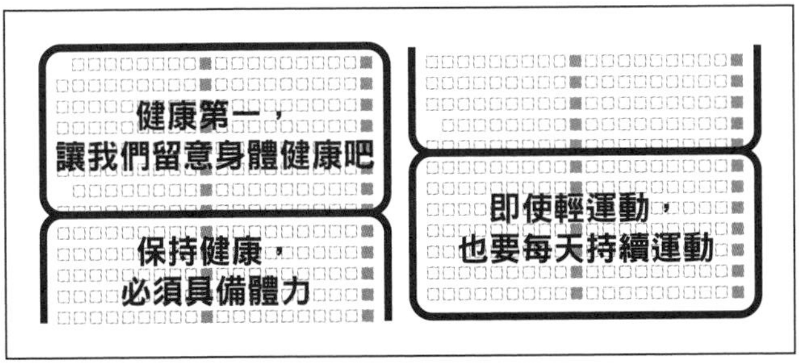

- 改變話題時便分段。
  →一個段落只寫出一個想表述的內容。
- 如果每寫幾行（六行左右）便分段，不僅易於撰寫、也易於閱讀。

CASE

32 隨心所欲調整文章篇幅的技巧

無法增加文章篇幅，就此停筆的非邏輯人

非邏輯人雖然搞懂了寫作的方法，但卻苦於增加字數。雖然他決定每個小標題約寫五百字，不過這並不容易。由於想寫的內容相當明確，因此寫到三百字左右並無太大問題，然而，要再補上剩下的兩百字，實在是難上加難。就算重新檢查助詞和語尾部分，也頂多增加十個字左右。究竟該怎麼做才能增加字數，這個問題簡直令他傷透腦筋。

非邏輯人說法

雖然我想增加字數，但卻不知道增加的方法

如果增加小標題，每個小標題約寫三百字左右，這樣是否行得通呢？不過，因為已經寫了一部分，現在才要修改目次以增加小標題，實在相當費事。有沒有什麼比較好的方法啊？

可隨心所欲增減文章篇幅的邏輯人

邏輯人能隨心所欲地增減文章篇幅，這是因為他知道增減字數的訣竅，那就是活用「舉例而言」。

寫出「舉例而言」後，只要增加一個例子，便能一口氣增加一兩百字。反之，如果字數過多，則只要刪除例子，同樣也能減少字數。

諸如此般，藉由活用「舉例而言」增減例子，輕易調整兩三行字數的邏輯人，終於得以依照原定計畫完成論文。

邏輯人說法

只要運用例子，便能輕易增加字數

如果打算增減十個字左右，只要修改助詞或語尾部分，便能因應處理。不過，若為一百字左右的增減，就無法只靠微調。這時候，可增加舉例。對於閱讀者而言，如此一來腦中也能浮現具體的概念，因此理解程度將瞬間驟升。這真是個值得各位嘗試的技巧。

可一口氣增減文章篇幅的魔法詞彙——「舉例而言」

◆「舉例而言」猶如文章的泡打粉

打算增加數行時，對於該多寫些什麼，總是心煩意亂地費神苦思，各位是否曾遇過這樣的狀況？反之，無法刪減篇幅，反覆重讀後才終於減少字數，這樣的經驗是否曾經有過？一再反覆透過修改語尾助詞以減少字數的過程，實在累人吧。如果必須刪減的字數超過一百字，勢必很想舉雙手求饒。

「舉例而言」猶如文章的泡打粉，增減字數時，不妨刻意運用「舉例而言」吧。光加上一個例子，就能增加兩三行的字數。反之，如果刪減「舉例而言」，則可一口氣減少文章的篇幅。

至於「舉例而言」之後該寫些什麼內容，只要針對剛剛所寫的注意事項等，列舉具體範例就行了。比方說如果要接在「早上切勿遲到」的句子之後，則可加註：「舉例而言，只要早上提早十分鐘出門，便不用為了轉車的狀況慶幸或擔憂，可從容自在地搭車上班。」

◆利用容易閱讀的文章，增加理解者吧

不妨於電腦的造詞機能中，設定「舉＝舉例而言」吧。當字數不足時，就先寫出「舉例而言」，迫使自己非得加上任何例子不可。

一旦加上例子，如果剛巧也是貼近閱讀者的事物，那麼他們的理解程度將瞬間驟升，變成一篇容易閱讀的文章。

平常便在社群網站撰寫文章的人與日俱增，現在可謂全民皆作家的時代。讓我們寫出淺顯易懂的文章，增加自己的理解者吧。

「舉例而言」的例子猶如泡打粉

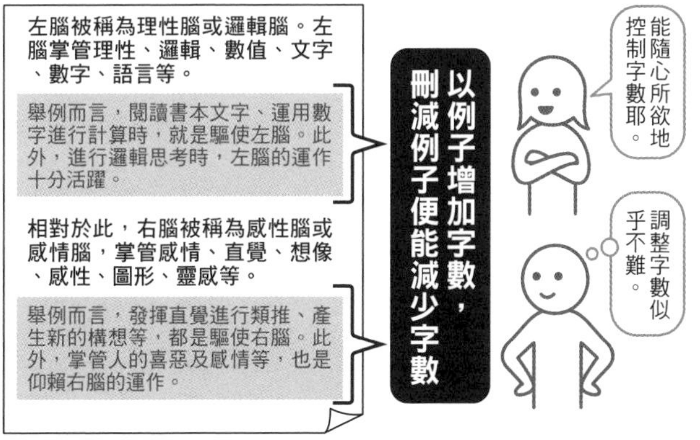
左腦被稱為理性腦或邏輯腦。左腦掌管理性、邏輯、數值、文字、數字、語言等。
舉例而言，閱讀書本文字、運用數字進行計算時，就是驅使左腦。此外，進行邏輯思考時，左腦的運作十分活躍。
相對於此，右腦被稱為感性腦或感情腦，掌管感情、直覺、想像、感性、圖形、靈感等。
舉例而言，發揮直覺進行類推、產生新的構想等，都是驅使右腦。此外，掌管人的喜惡及感情等，也是仰賴右腦的運作。
以例子增加字數，刪減例子便能減少字數
能隨心所欲地控制字數耶。
調整字數似乎不難。

●若要增加字數則增加例子。　●若要減少字數則刪減例子。

第 5 章

口拙卻不語塞的交談術

CASE 33

一對一的交談場面

說完自己想說的話，便轉身走人的非邏輯人

非邏輯人很愛發言，而且他也自認口才不錯。以前他曾遭同梯次的同事批評：「他只說自己想說的話，簡直就是唱獨角戲。」正巧這名同事拙於表達，於是也滿不在乎地認為：「想說的人，就讓他說個過癮好了。」

然而前幾天，主管竟對非邏輯人說：「就算找你談話，也談不下去……」

非邏輯人說法

如果是藝人的話，話多的人就是人氣王，不是嗎？

所謂健談的人，不就是那種話很多，讓大家不致覺得煩膩的人嗎？結果我卻被人嫌說唱獨角戲、很難和我談下去，真是太過分了。不過，最近在職場上，感覺和大家有些疏離，情況似乎不大妙……

能言善道，侃侃而談的邏輯人

雖然邏輯人並不會自己積極發言，不過一旦有他參與其中，大家總覺得聊得很開心。

邏輯人十分善於引導他人發言，只要有人沉默不語，他便會做球給對方，製造發言的機會。打個比方來說，當他開口問道：「最近你似乎有了新的嗜好，是嗎？」原本沉默不語的人，也能放心參與聊天。

電視節目中常見資深主持人妙語如珠地訪問上節目的來賓，或許邏輯人也類似這種類型的人。能讓大家相談甚歡的邏輯人往往是個人氣王。

邏輯人說法

我認為溝通是信賴關係的第一步

我認為談話可分成兩種。一種是簡報，也就是一對多的單向發言方式；另一種是溝通，亦即雙向互通，彼此頻繁地交換資訊的談話方式。與人交談時，時時力求溝通非常重要。我認為透過頻繁地互相交換資訊，將可建立彼此的信賴關係。

切記！
邏輯思考
錦囊

溝通是人際關係的支柱

◆溝通為雙向互通的資訊交換

人類說話時有兩種形式。一種為本章即將介紹的溝通，此為雙向互通的資訊交換，每位參加者都是參與交談的主角。

另一種為簡報。簡報屬於一對多的資訊交換，由一個人單方面地提供資訊。非邏輯人相當拿手的（他自以為吧？），就是這種簡報式的談話吧。關於簡報，將於第六章介紹。

在進行溝通的場合中，只要有一個人以簡報的形式發言，相互間的溝通將瞬間瓦解。非邏輯人的主管和同事就是針對這一點提出批評。

溝通為雙向互通的資訊交換。藉由互相理解交換的結果，增加彼此的滿意度，並提高信賴感。基於此故，盡說對方容易理解的話或關心度較高的話題十分重要。

◆回答要命中好球帶

　被人提問時，是否確實答出對方期待的答案？舉例而言，當有人詢問：「好期待下次的連續假期唷，你打算去哪裡？」要是回答：「假日只是更累而已。」如此完全偏離對方期待的好球帶，溝通將到此中斷。

　對方之所以提問，通常表示他也希望被問相同的問題。要是對方詢問：「下次放假打算做什麼？」做出回答後，如果能反問一聲：「你呢？」由於對方正在等你發問，因此將十分樂於開啟話匣子。

簡報和溝通的差異

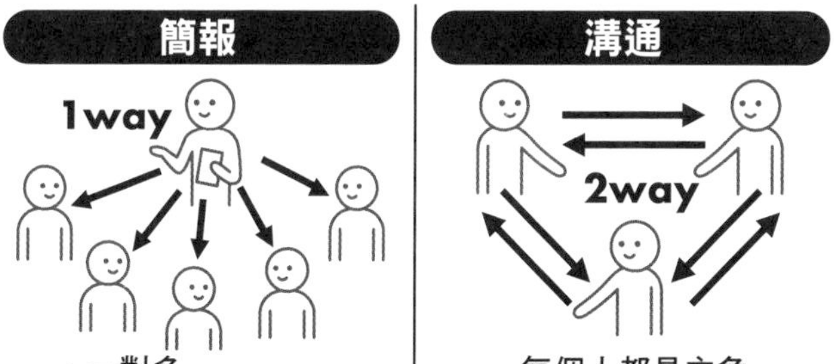

・一對多
・資訊傳遞為單行道

・每個人都是主角
・資訊傳遞為雙向道

●區分溝通和簡報。
●交談屬於雙向互通的資訊交換，溝通為基本原則。

CASE

34 對他人所言的「傾聽方式」遭到責怪時

點頭應答「這樣啊」、「嗯嗯」的非邏輯人

非邏輯人和老婆在家裡閒聊。

老婆說：「下個月有個和我交情不錯的公司前輩要離職了……」他答道：「這樣啊。」老婆又說：「下次我想去那家店瞧瞧。」他答道：「嗯嗯。」最後老婆說：「四月以後，我可能要調單位了。」他答道：「哦——」

結果老婆丟了一句：「我一直覺得你老是把我說的話當耳邊風耶。」

對於老婆突然變臉飆罵，非邏輯人感到十分錯愕。

非邏輯人說法

點頭應答也很累人耶……

我明明有答腔，卻被人責怪「沒有仔細傾聽」，真是令人意想不到。究竟該怎麼傾聽，對方才滿意呢？別抱怨我的傾聽方式嘛，我從來不會要求別人該怎麼聽我說話啊。

不斷複誦對方所言的邏輯人

邏輯人的形象極佳，在他身邊的人，都認為他善解人意。前幾天，隔壁部門的同梯同事來找他串門子，然後說道：「上星期五我去大阪出差，還在當地過夜。」邏輯人隨即答腔：「上星期嗎？」、「去大阪啊。」、「星期五去出差啊——」於是這名同事便開心地繼續聊下去。

邏輯人聽了之後，一樣繼續回應：「好玩嗎？」、「有碰到什麼好事嗎？」結果同事顯得更加興奮，接了一句：「就是啊——」隨即聊了開來。這名同事似乎很喜歡邏輯人。

邏輯人說法

就算如鸚鵡一般地答話，交談的對象也會心滿意足

傾聽他人說話時，「這樣啊」、「嗯嗯」、「哦——」之類抽象式的點頭應答毫無意義。沒聽人說話卻依然答腔的萬用型應答，看在交談的對象眼裡，等於沒在聽他說話。然而，只要局部複誦對方所言，對方就會認為你有仔細傾聽。如果再加上一些提問，對方將變得更加滔滔不絕。

切記！
邏輯思考
錦囊

贏得對方信賴的交談法

◆累積小ＹＥＳ贏得信賴

老是回答「這樣啊」、「哦——」之類的人，往往不善於傾聽。由於這樣只是隨便點頭應答，因此就如同邏輯人所言，對方將對於你是否認真傾聽感到不安。

有個簡單的方法可表現出自己十分認真傾聽，那就是局部複誦對方所言。舉例而言，要是對方說道：「我去福岡出差。」則可配合附和：「福岡……」、「出差……」。即使只是如此，對方也會不自覺地把你視為知音。

取悅對方的應答方法，還有「把對方的心情用話語回應」。舉例而言，如果感覺對方說得很開心，便配合說句：「很開心吧。」要是果然說中，對方將不自覺地認定「這個人很了解我！」然後繼續侃侃而談。換言之，對方已把你視為善解人意之人了。

只要適度地反覆力行「局部複誦對方所言」和「把對方的心情用話語回應」兩種方法，將能贏得對方的信賴。

◆成年人交談的基本技巧

假設說了一句：「這件衣服不錯吧。」要是對方回答：「是嗎？挺怪的耶。」是否感到心情有些複雜？

認為對方的意見不妥時，有個能避免刺傷對方的表達反對意見的技巧，那就是先肯定對方說句：「不錯耶（YES）。」然後再表達自己的意見：「不過（BUT），那件也不錯吧？」

並非一開始就否定對方，而是先接納對方的意見，再加上自己的意見，如此一來，便不會令對方心裡不舒服。這個YES・BUT話術，正是成年人交談的基本技巧。

即使否定對方，也不會被對方討厭的方法「YES・BUT話術」

稍微下點工夫，就能提升對方對自己的印象

你說的沒錯！

YES

原來如此，你想表達的內容是～～啊。
①局部複誦對方所言
②把對方的心情用話語回應
③適度地搭配運用上述①和②

BUT

也能考慮～～的看法

- 不可完全不聽他人所言，否定他人提案。
- 自己的意見姑且被人接納的安心感。
- 由於自己被認同，因此能產生也該認同對方的心情。

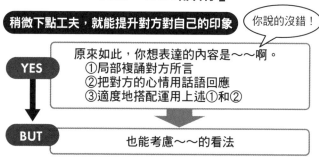

CASE 35

如何說服並不認同自己的對象？

下達指示時，只告知工作內容的非邏輯人

非邏輯人當上股長，頭一次有自己的部下。雖然他很開心有了部下，但也增加了新的煩惱，那就是部下們總是不聽指示。舉例而言，如果他指示：「今天之內提出報價單。」部下就會說：「為什麼由我負責？」此外，如果他下令：「以此做為本月的重點銷售商品。」部下便說：「為什麼是這個商品？」凡事都是這樣的狀況。非邏輯人心中納悶著是否因為自己新官上任，所以沒被放在眼裡？

非邏輯人說法

明明是主管下達的指示，為什麼不能乖乖聽話？

為什麼部下們老愛頂嘴？他們肯定沒把我放在眼裡。或許我的口氣得再強硬一些，不然面子都沒了，更何況一開始先下馬威十分重要。明天就來說說看：「全閉上嘴！給我照辦！」

詢問對方「有任何問題嗎？」的邏輯人

邏輯人剛當上股長。由於他頭一次有自己的部下，因此感到有些苦惱。其實邏輯人過去是個會頂撞主管的人，他的口頭禪是「為什麼？」，當他無法認同主管的指示時，便會不斷反問為什麼。

針對主管打算這麼做的用意，如果無法認同便顯得意興闌珊，邏輯人過去有太多類似這樣的經驗。不過一旦認同，便能產生使命感，誠心誠意地努力執行。

正因為自己是過來人，所以邏輯人對部下進行指示時，總是附註說明理由。如果仍有部下一臉狐疑，他便會詢問：「有問題嗎？」、「有意見嗎？」

邏輯人說法

只要說明指示的理由，應能獲得認同

如果部下依然存疑，應該無法得到他們的認同吧。針對「為什麼非得做那件事？」、「為什麼由那個人負責？」、「為什麼採用那種方法？」等，必須徹底說明理由。對方一旦心存疑惑，便無法順利溝通。為了化解對方的疑惑，最簡單的方法，就是直接詢問有任何問題嗎？

切記！
邏輯思考
錦囊

只要化解對方的疑惑，便能大幅提升認同度

◆要是對方心存疑惑，便無法說服對方

溝通為雙方的資訊交換。一旦對方心中存疑，資訊交換將會中斷。打個比方來說，假設你找到一家令人滿意的健身房，於是詢問對方：「有家很棒的健身房唷，要不要去試試？」但只要對方主觀認定「健身房的會費很貴」，便不會贊成你的提議吧。身為提議者的你為了說服對方，或許會慷慨激昂地解釋那家健身房有多棒，不過對方在意的是價錢，只要沒解決這個癥結點，他絕對不會想上健身房。那麼，對方針對「昂貴」的疑慮一旦化解，他的態度將變得如何？肯定能大幅提升認同度吧。

要化解對方的疑慮，有個簡單的方法，就是詢問對方：「有任何問題嗎？」要是對方提問：「不會很貴嗎？」便能得知對方所抱持的疑慮為何。只要有得以化解疑慮的說法，就能獲得對方認同。舉例而言，如果對方聽聞「因為屬於公共設施，所以不須繳會費」，說不定就會萌生不妨去瞧瞧的念頭。

◆如果是簡報的話，比較容易產生疑惑

簡報的方式，比較容易讓聽眾心存疑惑。比如介紹自己推薦的物品時，將容易過於一廂情願，變成單方面發言的簡報形式。

對方之所以不認同你的意見，或許是因為對於這個話題他心存疑惑，無法苟同。讓對方表達、發問的時間絕不可少。有些人由於害怕冷場，結果一不小心便逕自滔滔不絕。不妨把冷場當成提供對方發言的機會吧。只要利用冷場稍喘一口氣，便能打造出讓對方易於發問的氛圍。

為了讓對方認同，
務必化解對方的疑慮

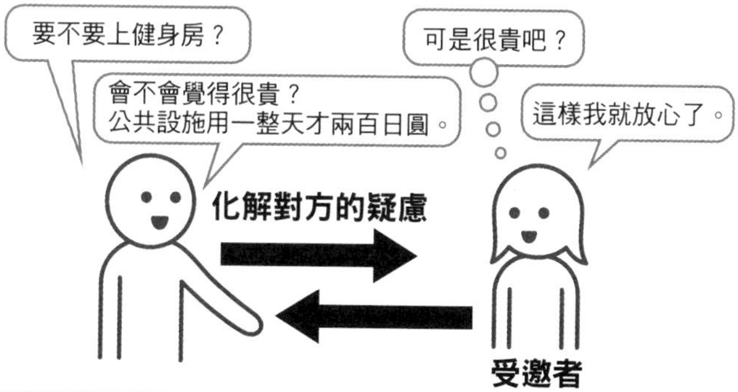
要不要上健身房？
可是很貴吧？
會不會覺得很貴？
公共設施用一整天才兩百日圓。
這樣我就放心了。
化解對方的疑慮
受邀者

●察覺對方覺得「很貴」的疑慮，直接加以化解。

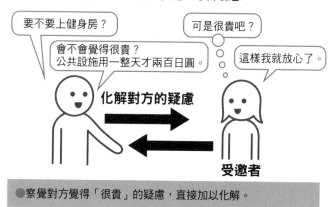

CASE 36

午休時，如果話題中斷該怎麼辦？

閒聊自身嗜好的非邏輯人

午休時，非邏輯人和同事共三人一起閒話家常，話題是假日要不要去看足球賽。由於已互相約好，因此結束這個話題。最怕遇到冷場的非邏輯人，隨即聊起自己最近迷上的嗜好。由於想不到其他話題，因此一直到午休時間結束，都是他一個人說個不停，然而其他人似乎不感興趣。害怕冷場的非邏輯人，若不說些什麼，似乎就覺得渾身不對勁。

非邏輯人說法

話題一旦中斷，就不知道該聊什麼

我最怕遇到冷場，因此一旦話題中斷，就只好聊自己的事，避免冷場。不過令我有些在意的是，每當這種時候，其他人對於我閒聊的內容，似乎不感興趣。我都提供話題了，為什麼他們不能附和一下呢？

為了擴展話題而向對方提問的邏輯人

午休時，邏輯人和同梯次的同事共三人決定假日去看足球賽。由於已互相約好，因此結束這個話題。這時候，邏輯人向對方提出「你們喜歡哪一隊？」、「你們想替哪位選手加油打氣？」等有關足球的問題。

接著，他們從運動的話題延伸，聊到因五郎丸（日本橄欖球運動員）選手而變得眾所矚目的橄欖球。邏輯人還試著提問：「據說五郎丸的姓氏以九州人居多，你們認為也有一郎丸、二郎丸、三郎丸的姓氏嗎？」結果同事回答除了八郎丸之外，一郎丸到九郎丸的姓氏都確實存在。邏輯人就像這樣，十分愉快地渡過寶貴的午休時光。

邏輯人說法

讓對方發言吧！

有道是健談就是善於傾聽，其實這句話的正確解釋，並非「善於傾聽」，而是「善於發問」吧。「發問」就是探詢、詢問。比起因害怕冷場而逕自滔滔不絕，不如讓對方發言還比較輕鬆；與其自己說，乾脆多收集一些資訊。因為只要向對方提問就行了，因此十分容易。健談就是善於發問。

切記！
邏輯思考
錦囊

苦於尋找話題和不太健談的人，不如發問吧

◆不太健談的話，就讓自己善於發問吧

有道是健談就是善於傾聽，為什麼呢？這是因為傾聽的意思不只是聽而已。所謂「傾聽」，內含「耳聞」、「聆聽」、「詢問」三種意涵。「耳聞」的英文為hearing，「聆聽」的英文為listening，「詢問」的英文為ask。所謂「健談就是善於發問」，即為可藉由發問，解決不太健談的問題。

害怕冷場的人，與其自顧自地說著自己的話題，還不如全力發問。向對方提問的好處有三。

首先是對方透過發言表達，可提高對交談的參與感和滿足感；其次是可收集資訊，要是只有自己開口說話，將無法得到新的資訊；第三個好處是不太健談的人，將不再害怕冷場。一旦持續冷場，只要發問就行了，自認為不太健談的人如果懂得這個原則，心情理該輕鬆不少吧？

◆首先得對交談對象充滿興趣

為了提問，必須對交談對象充滿興趣，諸如他的嗜好、專長領域、關切的事物等。只要針對對方關切的事物、專長領域等提問，將能炒熱聊天的氣氛。

問到對方內心期盼「問我！問我！」的問題，猶如棒芯正中球心。為了能精準提問，有個十分好用的問題，就是「最近有什麼嗜好？」如此一來，便能把對方想聊的話題引導出來。正因為內心懷有非得由自己帶頭聊天的使命感，才會為了話題傷透腦筋。由對方身上找出話題加以提問，正是健談的基本要領。

健談就是善於傾聽

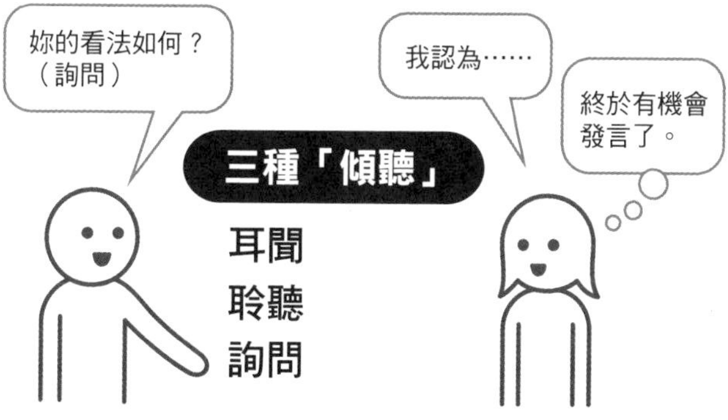
妳的看法如何？
（詢問）
我認為……
終於有機會
發言了。
三種「傾聽」
耳聞
聆聽
詢問

●藉由詢問（發問），讓溝通更為順暢。
●只要變得善於發問，就算沒有勉強製造話題，也能變得十分健談。

CASE 37

巧妙地引導對方表達意見的方法為何？

光問是非題，讓人回答「YES／NO」的非邏輯人

非邏輯人即使提問，依然和對方聊不起來。打個比方來說，非邏輯人問道：「你喜歡看運動比賽嗎？」對方只回答：「喜歡。」由於非邏輯人害怕冷場，於是他接著問道：「你常看電視嗎？」結果對方回答：「不常。」要是一直如此對話，看在旁人眼裡，彷彿非邏輯人在審問對方，而被提問的人則是心想：「別問我這種無關緊要的問題嘛。」話題完全無法擴展開來。

非邏輯人說法

不太健談，只會回答「YES」或「NO」的人還真不少呢！

據說只要提問，便能繼續閒聊，所以我才刻意提問的說，但為什麼聊不起來呢？針對我提出的問題，對方只會回答「YES」或「NO」啊。希望對方也努力一下嘛，和不太健談的人交談，實在好累喔。

分辨當下該擴大話題，還是整合話題的邏輯人

邏輯人總是利用發問來炒熱聊天的氣氛。舉例而言，一旦發問：「昨天有發生什麼有趣的事嗎？」對方便滔滔不絕地說個不停。

在公司開會時，邏輯人也十分善於引導與會人員表達意見。比如要大家提出構想時，他會說一聲：「請大家毫無顧忌地提出擴增業績的構想。」於是便有種種意見被提了出來；此外，一旦會議進入尾聲，他則會宣布：「請舉手表示贊成或反對。」進行意見的整合。換句話說，邏輯人會視情況分辨當下該擴大話題，還是整合話題。

邏輯人說法

話題應該擴大，還是整合，正是問題所在

我認為分辨當下應該擴大話題，還是整合話題非常重要。若要擴大話題，我會刻意展現「歡迎暢所欲言」的態度。

反之，如果要整合意見，我便會刻意提出「ＹＥＳ或ＮＯ」的問題。要是打算同時擴大話題和整合話題，最後將變得聊不起來。

「撒網型問題」及「收網型問題」

◆撒網型問題為擴大話題的詢問法

詢問的方法大致可分為兩種，就是擴大話題的撒網型問題，以及用YES／NO做出結論的收網型問題。交談和開會時，前半段通常採用撒網型問題。擴大徵求與會者的意見，可讓解決對策的可行性更加提升。

至於交談和會議的後半段，則往往採用收網型問題。統計贊成．不贊成的人數做出決議，也屬於收網型問題。

「發散．收斂」為思考流程的基本（見第九十頁）。有利於發散的詢問，就是撒網型問題。諸如「有什麼意見嗎？」、「關於這點，你的看法如何？」等，擴大徵求意見，正是讓人得以自由發言的詢問法。

主管要讓部下思考時，可適度運用撒網型問題，比如「還有更好的做法嗎？」、「如果是你的話，你會如何處理？」等詢問方式。

◆以收網型問題做出結論

收網型問題為以YES／NO做出結論的詢問法，諸如詢問「哪些人贊成？」就屬於這種問法。開會時先以撒網型問題擴大徵求意見，到了後半段，再由主持人以收網型問題，引導出大家認可的結果。

如果一開始就先訂出結論，這場會議將令與會者十分不滿。已經定案「減少三名員工」之後，才詢問部下「你的看法呢？」並不會引起熱烈討論。這時不如先問：「如何才能讓業績出現黑字？」將能大幅提升與會者的共識。

分別運用撒網型問題與收網型問題

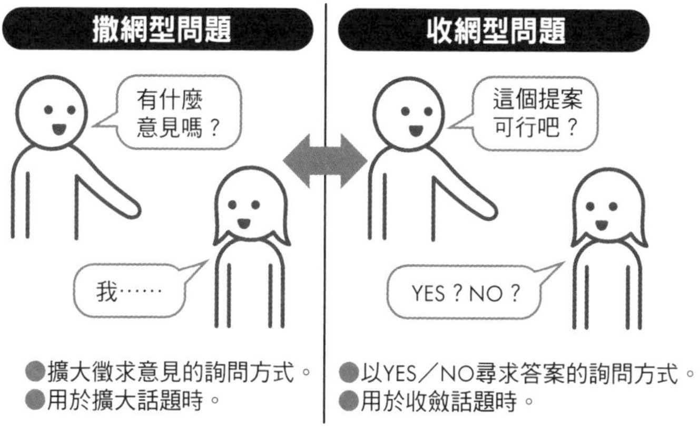
撒網型問題
有什麼意見嗎？
我……
●擴大徵求意見的詢問方式。
●用於擴大話題時。
收網型問題
這個提案可行吧？
YES？NO？
●以YES／NO尋求答案的詢問方式。
●用於收斂話題時。

CASE 38

交談中語塞之人屢屢面臨的局面

因想不到話題，而沉默不語的非邏輯人

非邏輯人前往參加睽違五年的同學會。原本他聊著目前的工作和生活狀況，氣氛十分熱絡，不過三十分鐘後，他便苦於沒話題可聊。無法繼續閒聊，令他痛苦不已。他自我反省一直談自己的事似乎不妥，於是不禁沉默不語，進而喝了過量的酒。雖然其他同學都聊得很開心，但非邏輯人無法理解，為什麼他們有那麼多話可聊。

非邏輯人說法

不知道冷場時該說些什麼才好

已經過了五年，勢必變得沒有共通的話題。究竟該如何尋找話題，這實在太難了。因此無論是同學會，還是同事聚餐，我總是疲於尋找話題。如果是同事聚餐，往往變成抱怨工作的牢騷大會。雖然可以藉此抒發壓力，但卻是毫無建設性且虛耗時間的聚餐。

從關鍵字另闢新話題的邏輯人

參加同學會或同事聚餐時，邏輯人十分擅長提出種種話題。此外休息閒聊時，他也非常善於炒熱聊天的氣氛。

更換新的閒聊話題時，邏輯人特別費心的是以關鍵字延伸話題。舉例而言，假設正在閒聊的話題是「工作的甘苦談」，他便會巧妙地引導出與「工作」或「甘苦談」相關的新話題。此外，如果閒聊甘苦談時出現「怪咖客戶」的話題，只要問一句：「還有沒有其他怪咖？」這個話題便能持續下去。換句話說，他十分拿手以關鍵字玩起聯想話題的遊戲。

邏輯人說法

只要以此刻正在閒聊的關鍵字為線索，從中尋找話題就行了

雖然說是關鍵字，其實只要尋找能延伸話題的單字就行了。當感覺快要沒話題時，便來尋找詞彙。舉例而言，如同「足球→看比賽→賽事門票→電影票→電影」一般，只要從詞彙聯想，進行聯想遊戲就行了。永遠都不會沒話題可聊唷。

切記！
邏輯思考
錦囊

只要以關鍵字銜接，話題便能延伸

◆打開右腦之鎖，取出記憶中的印象吧

關鍵字是詞彙的金鑰。左腦一旦認知詞彙，便能打開右腦上鎖的記憶抽屜，一口氣把記憶中的印象全取出來。關鍵字是開啟記憶之鎖的詞彙。打個比方說來，假設話題是「下個月出國去關島旅遊」。一旦漸漸沒有話題時，便以關鍵字來銜接，譬如「下個月」、「關島」、「出國旅遊」等關鍵字，都沒有絲毫牽強。

身心放鬆等精神狀況愉悅之時，右腦處於可自由活動的狀態。換言之，右腦的記憶之鎖屬於容易開啟的狀態。舉凡創意源源不絕、不斷浮現話題等，都是右腦處於可自由活動的狀態之時。

反之，當情緒緊張、心神不寧時，右腦將一片混沌，缺乏想像力。要是被「非得說些什麼才行」的使命感牽絆，左腦便會陷入緊張。如此一來，右腦的記憶之鎖也會變得難以開啟，就算有關鍵字，也無法發揮想像力。

◆為什麼喝醉酒便能滔滔不絕？

如果實在想不出主意時，採用酩酊法也十分有效。這是一種狂飲到醉醺醺，將沉眠於潛意識中的創意挖掘出來的創意思考法。人一喝醉便滔滔不絕，正是因為右腦的記憶之鎖變得鬆弛，以至於創意能淋漓揮灑所致。

「緊繃和舒緩」對於激發創意的效果極佳。在公司，由於持續處於緊繃狀態，因此參與腦力激盪會議時，恐怕表現不盡理想。如果同一天傍晚舉辦聯誼活動，精神狀態將趨於舒緩，有時便能提出不錯的點子。要是打算進行改革方案的討論，兩天一夜的宿營活動也有不錯效果，可讓員工彼此感覺更親近，並提高向心力。

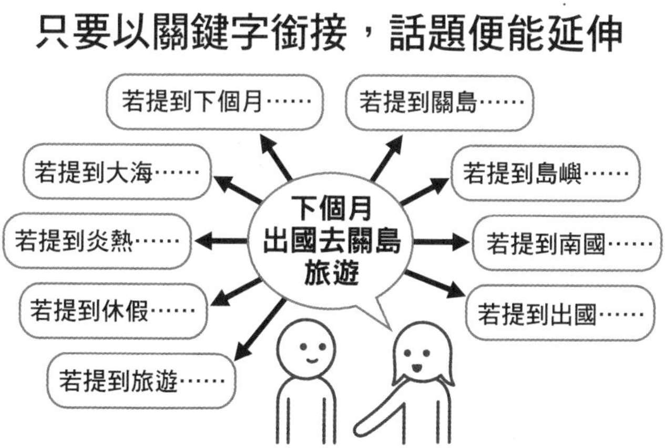
只要以關鍵字銜接，話題便能延伸
下個月
出國去關島
旅遊
若提到下個月……
若提到關島……
若提到大海……
若提到島嶼……
若提到炎熱……
若提到南國……
若提到休假……
若提到出國……
若提到旅遊……

●只要以關鍵字銜接，話題將可無限延伸。

CASE 39

和初次見面的人不知聊些什麼時，該如何是好？

因無話可聊而害怕冷場的非邏輯人

非邏輯人最怕拜訪從沒去過的公司。自我介紹後，為了緩和彼此的心情，往往得先閒話家常一番。要是貿然開始介紹公司，拜訪對象將產生戒心。自我介紹後的閒聊話題，令非邏輯人相當苦惱。如果是多於兩個人一起拜訪，倒還算輕鬆，不過一旦獨自造訪，他總是緊張到幾乎說不出話來。要是能泰然自若地和初次見面的人閒話家常，拜訪客戶的工作也將輕鬆許多。

非邏輯人說法

如果能和初次見面的人一直閒聊，跑業務也能輕鬆許多吧……

我不知道該和初次見面的人聊些什麼。由於閒話家常太費事，因此每當我去拜訪從沒去過的公司時，一旦做完自我介紹，便隨即進行公司的介紹。雖然我也覺得場面有些尷尬，不過與其勉強尋找閒聊話題來自掘墳墓，我認為不如乾脆這麼做還比較好。

利用與對方之間的共通話題來放鬆心情的邏輯人

邏輯人並不認為拜訪從沒去過的公司是件苦差事。

事先查詢造訪公司的業務概要，本來就是理所當然之事。除此之外，邏輯人連對方老板的姓名、經歷、經營方針等，凡是能事先取得的資訊也一併清查，並牢牢記住。只要是與造訪公司相關的話題，便是與對方之間的共通話題。

如果是共通話題，溝通就不算難事。至於其他的共通話題，舉凡氣候、時事等，都能放心活用。其中有關目前蔚為話題的新聞，尤其是經濟時事或日本經濟新聞的頭版報導，對於具有經濟敏銳度的對象，效果特別好。

邏輯人說法

我總是刻意蒐集資訊，並保持多種嗜好

只要有共通話題，就算是初次見面，也能得心應手地交流溝通。如果先查明對方的公司，不僅能變成共通話題，對方還會因此認為我十分關注他們的公司，對我的好感大增。

此外，如果能自然而然地提到經濟時事或日本經濟新聞的頭版報導，對方也比較容易認定自己是個對世界趨勢變化具備敏銳度的人。

切記！
邏輯思考
錦囊

正因為擁有共通話題，所以才能相談甚歡

◆平時就蒐集資訊吧

只要有共通話題，溝通將不再顯得勉為其難。共通話題大致可分為三類，第一類是諸如嗜好等個人特有的話題。如果彼此有相同嗜好，便能靠嗜好的話題，熱絡地相互交流。

第二類是公司或組織內的話題。如果彼此屬於同一組織或協會，將能輕易找到共通話題。

第三類是時事或氣候等世上的話題。如果是世上的話題，即使為初次見面的人，也能以此做為共通話題。舉例而言，與工作相關的經濟新聞、影響公司營運的社會新聞、關於氣候之類的自然界新聞等，全都屬於共通話題。

經常與人初次見面的業務人員，必須時時留意關注世上的話題。要是沒掌握到眾所皆知的新聞，將被貼上不夠用功的標籤。但如果因此而假裝知道，並強迫對方接受自己的看法，也十分令對方困擾。務必秉持謙虛的態度，但同時要展現自己知性的一面。

◆只要抱持關心，便能相談甚歡

為了讓彼此感覺更親近，務必先關注對方。只要掌握對方的興趣、嗜好、關注的事物、個人資料等，與對方交談時，便能縮短彼此間的距離。所謂個人資料，包括生長的地方、出生年月日、專業領域等。首先要做的事，就是對於對方保持濃厚的興趣。

孫子曰：「知己知彼，百戰百勝。」要是知道對方喜好的食物或餐廳，安排交際應酬時也能派上用場。如果以「請教」的姿態詢問對方，將能獲取自己並不知道的新資訊。此外，要是能事先掌握對方討厭的事物，便能避免提到令對方不悅的話題。

初次見面時，如果擁有共通話題，便能輕鬆交談

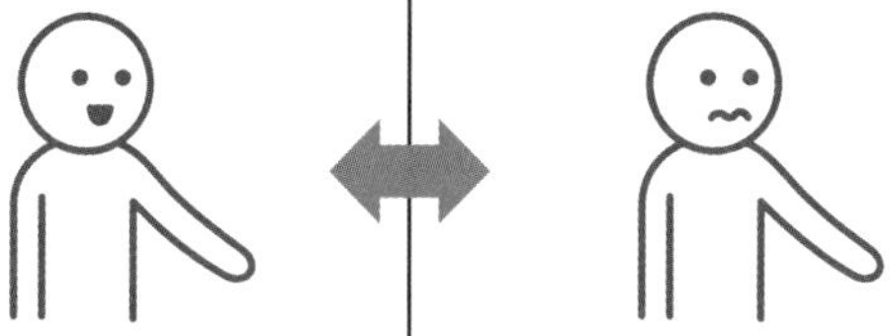

話題豐富之人

- 仔細傾聽他人所言的人
- 蒐集資訊的人（時事、新聞、網路）
- 關注各種事物的人
- 具有多種嗜好的人

缺乏話題之人

- 不聽他人所言的人
- 不太健談，總是自顧自地發言的人
- 對於蒐集資訊漫不經心的人
- 毫不關心世上趨勢變化的人
- 沒什麼嗜好的人

CASE 40

比起頭一次，第二次見面更不知該聊些什麼的時候

針對之前的會面致謝後，便不知該閒聊什麼的非邏輯人

關於如何尋找與初次見面之人的閒聊話題，非邏輯人似乎已有所領略。不過第二次碰面時該聊些什麼，一樣令他苦惱不已。如果先針對之前的會面致謝，然後就貿然談起公事，未免感覺有些刻意唐突，因此稍微閒話家常一番應該比較妥當，但是他不知該聊些什麼。雖然他試著聊到共通話題的經濟時事等，不過卻聊不大起來，他還在摸索是否有更能贏得對方信賴的方法。

非邏輯人說法

真不知道再次碰面時該聊些什麼

再次碰面時，該聊什麼話題才能取悅對方？頭一次碰面時，我找了諸如時事等社交辭令類的共通話題，姑且順利過關，不過第二次以後的會面，能不能找到得以建立信賴關係的話題啊？找話題還真是麻煩耶。

重提前次愉快話題的邏輯人

邏輯人針對之前的會面致謝後，便把前次相談甚歡的內容當成這次閒聊的話題。結果，對方驚訝地說了一句：「你竟然還記得啊。」此外，他也把對方的興趣、嗜好等當成話題來聊。最後，對方不禁覺得他是個「不錯的人」，進而和他熱絡起來，同時對他留下深刻的印象。關注自己的人與不關注自己的人，各位比較想和哪一種人聊天？應該以前者居多吧？稱呼自己為「〇〇先生（小姐）」的人，與稱呼自己為「這位先生（小姐）」的人，應該是以姓名稱呼自己的一方，會讓人不禁覺得他是個不錯的人吧？只要讓對方感覺「這個人挺重視我耶」，此人對自己的好感度便能大幅提升。

邏輯人說法

只要重提前次聊過的話題，好感度便能大幅提升

只要重提前次聊過的話題，就能想起關於前次見面的種種，進而讓彼此感覺更親近，好感度隨之加分。此外，最好避免負面或消極性的話題。讓對方回想起美好的印象，藉此默默地向對方展現彼此的良好互動關係。如果對方不禁覺得：「這個人還記得上次聊過的事，他相當重視我耶。」將能更加拉近彼此的距離。

切記！
邏輯思考
錦囊

再次碰面時，若能重提前次的話題，可讓好感度加分

◆藉由喚醒記憶提升好感度，並拉近彼此距離吧

因公私事與他人再次碰面時，可藉由喚醒記憶的效果，讓彼此感覺更加親近。所謂喚醒記憶，就是讓一度遺忘的資訊重新浮現腦海。舉例而言，如果於會議的前一天收到「明天四點要開例會」的郵件，這件事便會深刻地烙印在收件人的記憶裡。

為了讓自己在對方心裡留下印象，可善加利用喚醒記憶的效果。舉例而言，資材部通常有許多廠商登門推銷。就算他們特地造訪，畢竟人數多達數十名，根本難以留下印象。於是第二次以後的造訪，他們往往把前次聊過的事當作話題閒聊。比方說「我記得你喜歡棒球，沒錯吧？」、「我對你的印象很深刻唷。」等，一旦間接地加深印象，好感度便得以加分。此外，如果採用間接加深印象的說法，諸如「上次提到……」、「我還記得上次碰面的狀況唷。」也可讓對方不禁覺得「不能隨便敷衍這個人耶。」只要活用喚醒記憶的效果，便能提升好感度，並拉近彼此距離，使對方留下「彼此的關係維繫得不錯」的印象。

◆和關鍵人物對話時得做筆記

雖說務必提出喚醒記憶的話題，但人的記憶力實在有限。基於此故，當與疑似關鍵人物的對象洽談後，必須製作筆記。

雖然談了哪些公事也十分重要，但其他如閒聊的話題，以及此人的興趣、嗜好、關注的事物、個人資料等，也要一併記錄起來。舉例而言，聊到食物的喜好時，如果提及「〇〇拉麵店好吃」，就要在下次碰面前查好相關資訊，然後附註於筆記上。一旦感覺「對方記得我耶」、「對方相當關注我耶」，大部分的人都會放下戒心，對於對方的好感度也隨之提升。

再次碰面時，
喚醒記憶（再次確認）十分好用

我們以前曾碰過面，
已經事隔三個月了。
妳上次給我的建議，
幫了我好大的忙。
妳的嗜好是
高爾夫球，對吧？
還好有做筆記。
好懷念喔。
他記得好清楚喔。
他對我很感
興趣嗎？
對他頗有
好感唷。

第 6 章

讓對方認同的說服術

CASE

41 即使寫出很棒的企劃書，為何仍不被採用？

雖然寫出很棒的企劃書，卻無法博得好評的非邏輯人

非邏輯人寫了很棒的行銷企劃書，凡是看過的人，都認為內容十分完整。然而，他卻非常拙於進行簡報，雖然聽得懂他所說的內容，但完全感受不到他的熱誠。究竟是想把商品賣出去，還是不想賣，聆聽企劃案的客戶也是滿肚子疑惑。結果，客戶只說了一句：「我們會在下次碰面之前完成檢討。」看來想要簽下合約相當困難。

非邏輯人說法

只要寫出很棒的企劃書，大家應該就能了解

我認為只要寫出很棒的行銷企劃書，客戶就能了解個中內容。不過我很不善於說服他人，往往無法做出精湛的說明。基於此故，我總是備妥講稿進行簡報，希望能透過事前準備，把應該表達的重點，確實地表達出來。

因十分擅長簡報而博得好評的邏輯人

邏輯人認定企劃書的撰寫，完全屬於事前準備，並稱之為簡報前置階段。此外，在客戶面前進行的簡報為正式簡報階段，至於從簡報後的問答時間到取得訂單為止，則為簡報後續階段。換句話說，邏輯人認為簡報具有三個階段。

就算寫出再出色的企劃書，要是正式簡報時表達得缺乏自信，或是單調乏味地照稿唸，聽眾將無法理解個中內容。雖然不善於說明也十分傷腦筋，但無法展現熱誠，一樣難以說服他人。在資訊大量充斥的現今，期望簡報能淺顯易懂一些的機會漸增。此外，在簡報後續階段中，最後的強力推薦也十分重要。

邏輯人說法

簡報正是讓自己略勝對手一籌的機會

如果能力、文筆皆同，最後只能靠簡報表現力圖脫穎而出。由於簡報是讓自己略勝對手一籌的機會，因此非常重要。

簡報就是一種說服術。畢竟這是特地安排的聽講場合，因此聽眾肯定也希望自己能被說服，最後大表認同地讚嘆一聲：「原來如此！」

切記！
邏輯思考
錦囊

以簡報略勝一籌的時代

◆簡報和說服術

簡報就是一種說服術，而說服可分成「說明」和「服氣」兩個部分。所謂「服氣」，以對方而言即為認同，就自己而言則是成功接單等獲得成果。簡報有個莫大的好處，那就是如果能力、文筆相同，最後可靠簡報略勝一籌。需要進行簡報的場合，諸如企劃會議、報告會議、演講、說明會、洽商會談等。

就自己而言，簡報有何好處呢？好處包括能展開新的事物、獲得較高的評價、與展開新事物的機會連結等；那麼對於聽眾，我們能期待些什麼呢？那就是爭取對方理解、讓對方爽快答應、激發對方的幹勁，進而成為我們的工作夥伴等。

提出新的提案後，為了能付諸實行，也必須具備簡報力。此外，為了開拓今後的人生，更得設法提高簡報力。

◆三個簡報階段

簡報可分為三個階段。第一階段為「簡報前置階段」，亦即事前準備。其實進行事前準備時，簡報就已經展開了。

第二階段為「正式簡報階段」。如果事前準備十分充分紮實，便無須擔憂，只要滿懷自信，然後把準備好的內容百分百地表達出來就行了。簡報當天要是力求百分之一百二十的表現，恐怕反而徒勞無功，簡直自尋死路。

第三階段為「簡報後續階段」。這個階段始於問答時間，藉由強力推薦促成結論也十分重要。

簡報的運用場合與目的

就自己而言	對於聽眾
●展開新的事物	●爭取對方理解
●創造打破現狀的契機	●感動對方
●獲得較高的評價	●讓對方爽快答應
●讓自己處於優勢	●激發對方的幹勁
●連結機會	●讓對方成為工作夥伴

CASE 42

必須在不同於以往的場合進行報告時

怯場到語無倫次的非邏輯人

進行簡報時，非邏輯人最煩惱的事，就是自己的社交恐懼症。光想像得在人前發言，他就緊張不已。簡報的前一天，他總是無法熟睡，因此睡眠也不充足。

對主管報告時，他硬著頭皮心想失敗也無所謂，因此姑且過關。不過等到還要再往上報告時，他緊張到腦中一片空白。心裡愈認為「不能失敗」、「希望主管能仔細聽我報告」，就覺得愈緊張，最後變成語無倫次。

非邏輯人說法

為什麼會怯場呢？腦中一片空白，無法順利表達

平常工作時，我都能泰然自若地表達意見，不過一旦得向高層報告，腦中就會一片空白，無法順利表達。心裡愈覺得不能失敗，就變得愈緊張。此外，問答時間也令我冷汗直冒，心裡一直祈禱最好沒人提問。

以「好想表達！」的心情進行簡報的邏輯人

邏輯人總是花很多時間進行簡報的事前準備，直到自己滿意為止，因為他希望最後完成的內容，能讓自己滿懷自信地進行提案。要是寫出缺乏自信的企劃書，簡報時將會怯場。基於此故，邏輯人進行簡報時總是顯得自信滿滿，充分流露出「這個企劃案很棒，希望各位批准」的心情。

總結簡報時，他會再次回溯企劃書的全貌，最後還會針對「總而言之，打算表達的重點為何」及「希望做出什麼裁定」進行確認。此外，問答時間也十分積極地因應答覆。

邏輯人說法

不用去想多餘的事，讓自己過度自信吧！

要是以缺乏自信的心態進行簡報，將會十分在意聽眾的反應，而無法保持專注。只要有一個聽眾一臉不耐煩的模樣，便會不禁害怕起來。此外，腦中還會出現多餘的雜念，擔心萬一簡報時被批評準備不夠充分，該如何是好，結果導致無法全神貫注。就算自以為是也無所謂，讓自己過度自信一點也不為過。

切記！
邏輯思考
錦囊

不怯場的方法單純極了

◆心存「好想表達！」的念頭

有些人罹患社交恐懼症，害怕在人前發言。原本準備好的內容忘得一乾二淨，腦中一片空白。在什麼樣的狀況下，我們人會變得容易緊張怯場呢？就是心生無謂雜念之時，比方說不許失敗、萬一被誤會該怎麼辦等，結果導致無法專注於待會兒要簡報的內容上，腦袋、情緒全在空轉。

為了不要緊張，務必拋除雜念，同時切換成「好想表達！」的心情。如果是簡報當天，根本不可能變更簡報的內容，不如集中精神把備妥的內容完整地表達出來。

毫不在意聽眾評價的人不會怯場。或許眼前有些顯得一臉無趣的聽眾，不過世上的人百百種，只要心存「好想表達！」的念頭，應該就能發揮專注力，進而有認同者出現眼前。聽眾並不如自己想像中那麼敏銳，只是逕自聽著簡報而已。過度在意聽眾的一舉一動，根本毫無意義。

◆準備充分到即使失敗也毫無遺憾

為了能在簡報當天充滿自信，事前準備的完成度，務必達到自己能夠滿意的水準。只要落實事前準備，即使簡報失敗，也應該毫無遺憾。畢竟這就是自己目前的實力，坦然面對吧，只要在下次簡報之前，讓自己的簡報功力提升就行了。不過，如果是因為事前準備不夠充分，而導致簡報失敗的話，就相當令人懊惱。

為了醞釀「好想表達！」的情緒，請確認簡報的目的，應該是「為了讓企劃案過關」吧。只要想想目的何在，便能明白「自己被賦予機會」。此時不表達心意的話，更待何時？

簡報時不怯場的心境——「聽我說！聽我說！」「好想表達！」的心情

反正行不通。
缺乏自信
我的企劃案很棒吧？
希望受重視
無法迎合公司的期待。
過度在意他人對自己的看法
主管的眼神……
緊張不已

●一旦感到遭人批評便意志消沉→不要在乎批評
●想太多而無法專注→以目的為思考重點

聽我說！聽我說！　**好想表達！**

CASE 43

如何於短短幾分鐘內完成精彩的簡報？

不知何時才會把話說完的非邏輯人

非邏輯人總是把話說得又臭又長，因而遭到主管指謫。前幾天在同事的婚禮上，他以親友代表的身分上台致詞。大約致詞五分鐘後，他說了一句：「最後……」原以為他快說完了，沒想到他又接著說：「總結以上所言……」絲毫沒有結束的跡象。結果他總共說了十分鐘才終於結束致詞，然而在場的人，卻完全想不起來他究竟說了些什麼。

非邏輯人說法

腦海中陸續浮現想說的話，因此說個沒完

我自認口才不錯。因為腦海中陸續浮現想說的話，所以說個沒完，不覺中就說了十分鐘。在場的人應該都被我感動了吧，我說了好多祝福新人的話。

說法採用「第一是……，第二是……」的邏輯人

邏輯人在同事的婚禮上致詞。最近，他因為連日加班而疲憊不堪，沒有時間仔細思考講稿，直到婚禮當天才終於著手準備。「糟糕，不過只要最後總結時說聲恭喜便行了，其他就提三個新郎的優秀之處，恭維他一下吧。」他一邊嘀咕，一邊動手擬稿。

到了致詞時間，邏輯人只能硬著頭皮上台。他以編號列舉的方式展開致詞：「新郎十分優秀，是位眾所期待的人才。之所以這麼說，是因為第一……，第二……」雖然盡是恭維之詞，但卻巧妙地表達出新郎的人品，而且淺顯易懂。

邏輯人說法

只是加上編號，聽眾便能理解話題的切換

即使是臨時準備的場面話，只要加上編號，也能顯得煞有其事。或許聽眾還以為：「這個人準備得好充分喔。」

如果以逐條列出的方式擬稿，並於致詞時加上編號，自己也比較清楚此刻正說些什麼，進而順利地完成致詞。

切記！
邏輯思考
錦囊

即使臨時上場，也能博得滿堂彩的簡報法

◆光加上編號，聽起來便覺得充滿邏輯性

為了即興說出淺顯易懂的話，應該怎麼做才好呢？那就是一邊加上編號一邊說。比方說「關於……，第一……，第二……」，以這種方式加上編號。

一旦加上編號，發言者應該會覺得：「五個以上似乎太多了。」結果或許因此打算彙整成三個左右。

此外，如果一開始就先聲明有幾點要說，聽眾將能做好心理準備。尤其是打電話的時候，畢竟無法看到對方的臉，這時如果先聲明有兩件事：「有兩件事，一是……」便不會講到一半就被掛斷電話吧。

有一種常用的說話方式屬於看不見盡頭的話法，就是「首先……，其次……，然後……，末尾……，最後……，總結來說……，補充一下……」就此說個沒完。對於聽眾來說，這是他們最痛恨的說話方式。

◆藉由加上編號，自己的腦袋也能歸納整理一番

當話說得太多時，大概從第四點開始，聽眾就不太有記憶。一旦超過五點，就算忘記說了什麼也無可厚非。如果打算說五點以上，可搭配分發書面資料，或事先以電子郵件提供參考資料，如此一來，資訊的傳達將變得比較容易。

如果表達的事項超過五點，而且不打算分發書面資料，可比照邏輯樹區分層次。諸如「大致上可分為兩大類，第一大類是……，其一是……，其二是……；第二大類是……，其一是……，其二是……」，把內容分成三大類以下。就算話說得再長，只要加上編號，自己的腦袋也能歸納整理一番。

只要針對每段話加上編號，聽起來便覺得充滿邏輯性

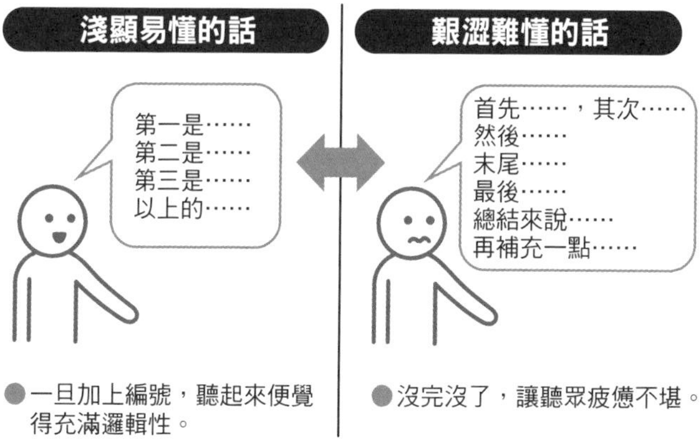
淺顯易懂的話
第一是……
第二是……
第三是……
以上的……
艱澀難懂的話
首先……，其次……
然後……
末尾……
最後……
總結來說……
再補充一點……

●一旦加上編號，聽起來便覺得充滿邏輯性。

●沒完沒了，讓聽眾疲憊不堪。

CASE 44

對主管報告或在眾人前進行幾分鐘的簡報時

想要表達的內容，無法讓聽眾理解的非邏輯人

非邏輯人經常遭主管指摘：「你說的話支離破碎，聽不懂你想表達些什麼。」此外，公司的前輩也批評他說：「你的腦袋簡直亂成一團耶。」結果非邏輯人出言反駁，聲稱自己只是會考慮比較多才做出判斷。整合主管和公司前輩的看法，他們一致認為非邏輯人「經常說重複的話」、「無法一覽事情的全貌」、「話說得又臭又長，卻不知重點何在」。

非邏輯人說法

最近即使假日，也覺得日子過得很鬱卒

為什麼周遭的人都對我如此刻薄？畢竟我也只是凡人，可能無法簡潔扼要地加以表達，但不能體諒我一下嗎？真希望他們聽人說話時，也能多費點心思在傾聽方式上。

事先聲明「我想表達的重點有三」的邏輯人

邏輯人被主管讚美：「因為你歸納出三個重點，所以我能輕易理解事情的全貌。」此外，公司的前輩也誇獎他說：「你巧妙地整理出三個重點，完全沒有缺漏和重複呢。」

進行簡報時，邏輯人總是刻意把內容歸納成三個重點來表達。舉例而言，他先宣稱主旨或結論：「為了發揮行銷力，必須提升三種力量。」然後歸納說道：「重點就是提案力、商品力、資訊力。」

邏輯人說法

只要歸納成三點，就算沒有提供參考資料，聽眾也能理解

把重要事項歸納成三點，有其道理所在，那就是聽眾腦中的記憶，一次頂多存入三點。雖然要記住四點也行，但遺忘的可能性極高。至於兩點的話，或許感覺有些不足夠，不過卻能輕易留下記憶。

切記！
邏輯思考
錦囊

將重要事項歸納成三點左右

◆只要歸納成三點，就算沒有參考資料，也能讓聽眾印象深刻

人類有三個工作記憶體。所謂工作記憶體，就是可同時運作的記憶裝置。如果是三個重點，就算沒有參考資料，也能印象深刻。日文有句俗諺「三拍和鳴」（意指三大要素齊備），其中「三」的數字，正好與工作記憶體的理論吻合。

只要歸納成三點，說起來就變得很順口。舉例而言，刊登於《週刊少年Jump》（日本發行量最大的漫畫雜誌）的漫畫，皆具備「友情．努力．勝利」三大要素。超人氣漫畫《海賊王》也是以友情．努力．勝利為主題，故事內容為主角「魯夫」立志成為海賊王，而與敵人奮戰，但經過一番激戰後，原本的敵人卻變成夥伴和幫手。

此外還有因柔道而眾所皆知的「心．技．體」。《姿三四郎》是以明治時代為背景的長篇小說，故事主角原型的西鄉四郎先生（日本柔道界名人）開辦道場時，一度被鄰居謠傳：「這裡常有粗暴的男人進進出出，真可怕。」結果西鄉先生表示：「柔道的絕招為心．技．體。」可見他也十分重視精神層面的鍛鍊。

◆以三個重點力求落實MECE原則

一旦以三個重點力求落實MECE原則，將能輕易地向更多人進行表達。

從事重型建設機具製造的小松製作所（日本市場占有率第一）提出公司經營方針為三大概念，就是「商品領先．服務領先．技術領先」。所謂商品領先，就是連無人駕駛的砂石車都有販賣；所謂服務領先，就是各型機具皆附衛星導航，可做到防盜和維修資訊的控管；所謂技術領先，就是砂石車可維持二十四小時無人駕駛，有助於大幅縮減人事費用。

把表達內容歸納成三點左右，將易於理解

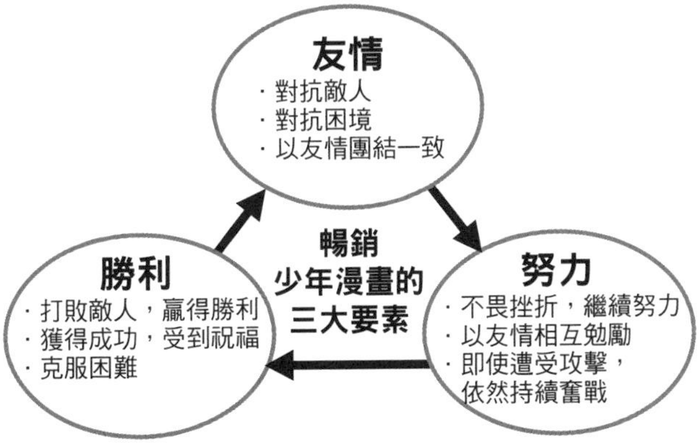

●只要歸納成三點，就算沒有提供參考資料，也能讓聽眾印象深刻。

CASE 45

缺乏說服力的人和具有說服力的人，彼此說法上的差異

說明時常把「根據我的經驗」掛在嘴上的非邏輯人

非邏輯人的口頭禪為「根據我的經驗」。前幾天，他針對公司產品的瑕疵進行報告。當營業課長詢問：「問題出在哪裡？」非邏輯人立刻回答：「根據我的經驗，應該是接觸不良導致斷電。」營業課長繼續問道：「你確認過實物了嗎？」非邏輯人回答：「我認為沒此必要，但稍後我去確認一下好了。」結果營業課長怒斥：「先確認事實狀況，再向我報告！」

非邏輯人說法

為什麼不相信我的經驗和直覺呢？

因為營業課長的問法，似乎希望我馬上給他答案，所以我才立刻回答。如果他認為我應該「先確認清楚再報告」，那就直接交代我「去了解狀況」，而不是問我原因。課長總是以企圖陷害我的方式提問，實在令我疲於應付。

補充說明「為什麼」、「之所以如此」的邏輯人

邏輯人的口頭禪是「為什麼」、「之所以如此」。舉例而言，當他進行公司產品瑕疵的報告時，營業課長詢問他問題出在哪裡。

結果邏輯人先說了一句：「請給我三分鐘。」同時再次確認資料，然後根據事實說明原因：「根據我確認的結果，原因是內部銲料銲接錯誤導致短路，之所以如此判斷，就如這張照片所示……」

生產部門已擬定對策，著手處理瑕疵，但營業課長似乎還不知情。邏輯人同時報告瑕疵的原因，以及原因背後的真相，最後終於得到營業課長的理解。

邏輯人說法

為了說服對方，必須說明原因

不光是結果，原因也得仔細說明，否則不能算是符合邏輯的說明。此外，原因的論述，不能憑藉自己的經驗或直覺等主觀性的看法，必須具備根據事實的客觀性。所謂客觀性，就是任何人都無法否定的說法。我認為透過補充說明「為什麼」、「之所以如此」等，就能完全說服第三者。

切記！
邏輯思考
錦囊

讓對方認同的「為什麼」

◆仔細說明「為什麼」

結論或主張必須表明「總而言之，想要表達的內容為何」。為了說服對方接受自己的結論或主張，務必說明「為什麼」、「之所以如此」等告知理由。用來說服對方的理由，必須保持客觀。而所謂客觀，就是任何人都無法否定的事實。

在刑警片中，經常出現刑警們圍繞著白板討論「釐清到哪裡為止屬於事實，從哪裡開始得仔細研判」的場景。只要是事實，由於任何人都無法否定，因此能當成說服用的理由；此外，如果尚未蒐集到客觀的事實，便要加以研判，若能證明所做的研判屬實無誤，這個研判就成為結論。要是宣稱：「嫌犯A就是犯人，之所以如此推斷，是根據我長年的刑警經驗和直覺，肯定沒錯。」各位認為如何？經驗和直覺，屬於唯有自己才能理解的主觀性理由，因此一點都不客觀，這樣並無法當成用來說服的理由。

經驗和直覺可做為尋求結論（警察辦案的話就是犯人）用的提示，不過要是無法以事實證明，充其量只是研判而已。

◆講求邏輯的美國政府

英文文法本身，就被視為具有邏輯性。聽英文的同步口譯時，的確不時聽到「之所以如此」的說法。

美國雖然人種極多，但卻統治得宜，這是因為美國相當講求邏輯。美國政府的治國方針有三。一是自由主義，也就是必須具有全體國民共通的目的；其次是嚴守法規的方針，如果缺乏嚴謹的法規，無法統治價值觀各自迴異的種族；最後是根據邏輯經營政治。發言人往往採用邏輯式的說明，讓人種多元的國民，對國家政策產生共識。

如果無Why（缺乏說明為什麼的理由），將無法說服他人

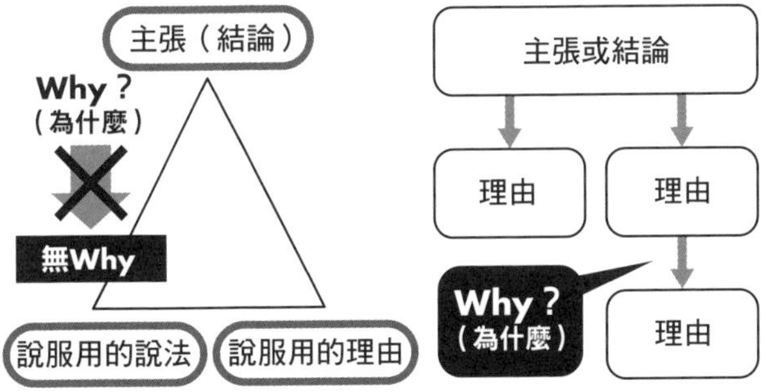

●雖然主張為何十分明確，不過卻缺乏令人認同的理由說明。

CASE 46

為了不被人反問「你究竟想說什麼？」

讓聽眾搞不清楚「究竟想說什麼」的非邏輯人

非邏輯人向主管進行報告時，常被主管喝斥：「你究竟想說什麼？」過了三分鐘，主管又問一次：「所以呢？」他繼續報告十五分鐘後，主管指示：「明天再說明一次，要附上結論。」然後就此散會。非邏輯人偏好做徹底的調查，因此調查資料堆積如山，他似乎花了大半時間在說明調查資料。

非邏輯人說法

我調查得這麼仔細，還進行現狀分析，結果卻……

因為主管要求我報告事實狀況，所以我才徹底進行調查。我連數據都蒐集到手，並且仔細說明。然而，為什麼主管無法理解？他數度問我：「究竟想說什麼？」我倒想回嗆：「你為什麼聽不懂？」

結論或主張明確，具有說服力的邏輯人

邏輯人往往會針對每個調查數據撰寫調查結果，並做出結論。舉例而言，他會寫出：「總而言之，從這張圖表看來，我們公司並未掌握到家庭客層。」以此說明「究竟想說什麼？」此外，最後還會明確總結：「根據以上調查結果，我建議應該多充實一些爭取家庭客層的商品。」

結果主管表示：「這個著眼點不錯，我想要多了解一下充實商品的具體構想。」邏輯人立即回答：「明天下午，我再向您報告具體方案。」

邏輯人說法

明確表達結論十分重要

製作資料時，我一定會針對各個要點寫下結論或主張。要是提出大量的數據，並表示：「請大家自行解讀個中訊息。」解讀結果將因人而異。我十分清楚數據是巧妙地導出結論或主張的手段，如果能採用「究竟想說什麼」、「因為所以」的說法，將有助於結論或主張的推述。

切記！
邏輯思考
錦囊

推述結論的「因為所以」

◆總結時以「因為所以」推述結論

假設委託市調公司進行市場調查，並收到調查報告。報告當中，含有目標市場的詳盡調查數據，不僅以圖表顯示，也明確附註調查方法，總計頁數多達五百頁以上。不過，這份報告的內容要是缺乏市場趨勢概要，各位認為如何？恐怕因無法了解全貌，而向市調公司詢問：「究竟調查的結果如何？」這時，如果市調公司回答：「總之，可能的必要數據已全部集中在此，請各位根據數據自行判斷。」各位做何感想？非邏輯人的做法正是如此。

要是缺乏任何結論，就算提供大量數據，也不知該如何判斷吧。舉例而言，如果沒有說明「某商品的市場規模，年成長率為百分之三」的主旨，將難以理解數據代表的意義。既然列舉了事實和說服的理由，希望能以「因為所以」推述結論，當作總結。缺乏結論或主張的狀況，可謂毫無主張。

◆切勿搞不清楚應該表達的主張

有沒有人說話時會離題？由於他們總是將想到的事成串列舉，在場聆聽的人不禁想要吐槽：「究竟要說什麼？」把結論或主張說得艱澀難懂的人，最後將變成毫無主張，他們自己也忘了「我究竟想說什麼？」，腦中隨時記住打算表達的重點，所說的話才能前後連貫。

自認為容易變成毫無主張的人，不妨先說出結論或主張吧。接著，再以「之所以如此」的說法闡述理由，最後則以「總之就是……」的說法做出總結。

如果毫無結論（只有現狀說明，缺乏結論或主張），將無法說服他人

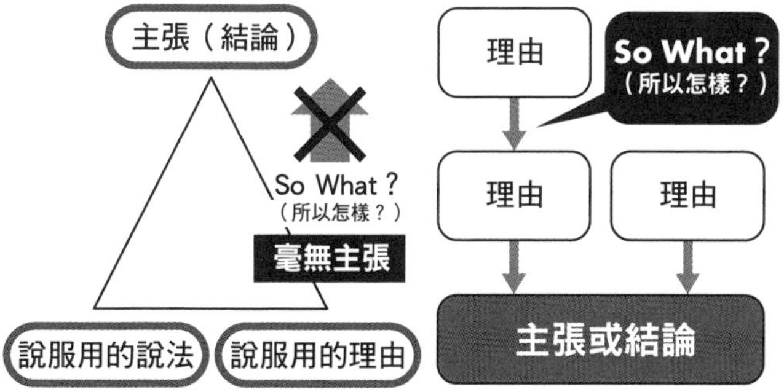

●話說得又臭又長，將搞不清楚「究竟想說什麼？」。

CASE
47
說服聽眾的簡單方法

雖然成串列出想表達的內容，卻說得支離破碎的非邏輯人

非邏輯人的業績掛帥，因而升職成為課長。雖然是沒有部下的課長，但擁有課長的頭銜。然而非邏輯人的假日從此過得相當鬱卒，這全是因為他必須於每週一的朝會上，面對營業部全體同仁致詞五分鐘。為了撰寫講稿，他坐在電腦前，可是即使過了半天，他仍然沒寫出半個字。

非邏輯人說法

我很清楚自己要說什麼，但為何無法讓對方理解？

星期六已經過了半天，但依然不知道該說些什麼好。雖然星期天的晚上終於寫好講稿，但還得潤稿，而且要演練。難得的假日都泡湯了，沒有其他更好的方法嗎？

針對打算說的事，加上大約三個理由進行表達的邏輯人

以電腦準備講稿時，往往會遇上以下三個麻煩。一是得花時間準備講稿，其次是針對寫好的講稿進行潤稿時，又得再花一次時間，第三個是於他人面前看稿致詞時，變成只是照稿子唸。

於是，邏輯人決定利用PowerPoint製作講稿，並整理成前言、結論，以及三個說服用的理由，以支撐結論。結論為「我會在課長的崗位上全力以赴」。基於此故，他認為如果以「開朗」、「歡樂」、「朝氣十足」的口號宣示提升業績，並加上具體說明的話，聽眾應該都能理解。

邏輯人說法

支撐結論的說服用理由，歸納成三個來表達即可

以圖表的方式準備講稿，有三個好處。首先是花二十到三十分鐘便能完成，需要的時間不長；其次是容易修改，由於圖表能一目瞭然，掌握全貌，因此易於確認說服用的故事；最後是正式上場時，可以確認目前講到哪裡，不會搞不清楚，進而能秉持自信地完成致詞。

切記！
邏輯思考
錦囊

說服用故事①並排型金字塔結構

◆打算簡明扼要地進行說服時

金字塔結構又稱為金字塔構成法。將結論置於金字塔頂端，然後以三個說服用的理由支撐結論。在此以經常用到的婚禮致詞為例，假設結論為「恭喜兩位新婚，請努力通過人生的三個陡坡」。為了說服大家認同這個結論，於是針對為什麼得通過三個陡坡，加以闡述如下：

第一個是上坡，代表人生運勢高升之時，夫妻倆必須相親相愛、開心愉快、戰戰兢兢、腳踏實地地通過這個陡坡；第二個是下坡，代表人生運勢下滑之時，在這個階段，夫妻倆的同心協力、互相包容十分重要，此外還必須體貼彼此；第三個是「意外之坡」，風險控管有所必要，萬一真的發生，夫妻倆便一起討論，克服難關；如果夫妻間有任何問題，歡迎隨時前來諮商。

最後，則以因為所以的說法進行總結，亦即只要能通過以上三個人生陡坡，將能永遠幸福快樂。經常聽到的這段致詞，其實也屬於金字塔結構。

◆將說服用的理由歸納為三點

以上介紹的婚禮致詞，屬於並排型金字塔結構。採用並排型金字塔結構，必須嚴選三個支撐主張的理由，並以這三個理由支撐結論。

務必留意的是，千萬不能有關鍵性的缺漏和重複，換言之，就是必須符合MECE原則。只要符合MECE原則，便不會遭人指謫盲點，因此得以提升說服力。此外，只要讓聽眾感到：「原來如此，內容相當紮實，巧妙地歸納成三點唷。」正是致詞說得十分有條有理的證據。

並排型金字塔結構
（編號為致詞順序）

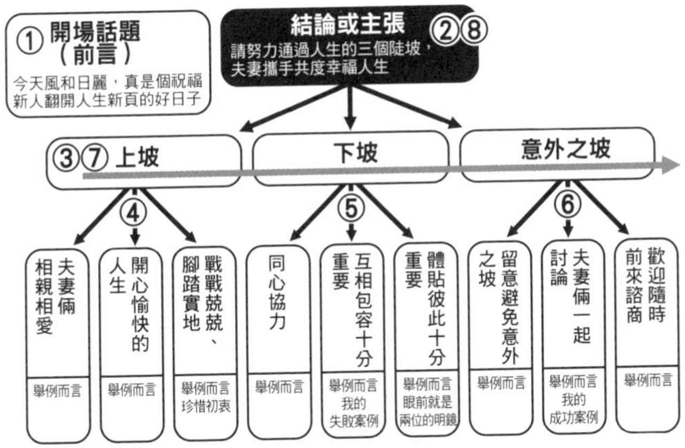
①開場話題（前言）
今天風和日麗，真是個祝福新人翻開人生新頁的好日子
結論或主張 ②⑧
請努力通過人生的三個陡坡，夫妻攜手共度幸福人生
③⑦上坡
下坡
意外之坡
④
⑤
⑥
夫妻倆相親相愛
舉例而言
開心愉快的人生
舉例而言
戰戰兢兢、腳踏實地
舉例而言 珍惜初衷
同心協力
舉例而言
互相包容十分重要
舉例而言 我的失敗案例
體貼彼此十分重要
舉例而言 眼前就是兩位的明鏡
留意避免意外之坡
舉例而言
夫妻倆一起討論
舉例而言 我的成功案例
歡迎隨時前來諮商
舉例而言

CASE 48

必須費心準備說服用的故事時

明明有其他解決對策，卻毫不考慮的非邏輯人

商品開發部長指示非邏輯人提出新產品的企劃案，對象是劃時代的冷暖氣機。他從以前就很想開發調溫間距為零點五度的家用冷暖氣機，於是以此進行提案。結果，開發部長的反應相當平淡。非邏輯人見狀表示：「高級飯店冷暖氣機的調溫間距都是零點五度，相對於此，家用冷暖氣機的調溫間距竟然是一度，這未免太奇怪了。」不過開發部長卻反問他，沒有更多其他的方案嗎？

非邏輯人說法

竟然連研究一下都不願意，什麼意思嘛！

為什麼主管連研究一下我的意見都不願意？這可是我珍藏許久的方案呢。我從以前就覺得如果能開發出調溫間距為零點五度的產品，肯定十分熱賣。就商品開發而言，不僅投資金額不高，而且短時間內便能完成。由於其他公司沒有這類產品，我認為保證暢銷的說……

從各種選項中，提出解決方案的邏輯人

主管指示邏輯人提出新產品的企劃案，對象是劃時代的冷暖氣機，於是他大致構想出三個方案。A案屬於現狀的改良方案，B案是網路家電方案，C案則是停電因應方案。

A案為開發出調溫間距為零點五度的新產品；B案為能以智慧型手機進行遠端遙控的冷暖氣機；C案則為就算停電也能繼續運轉六小時，室外機中加裝電池的機型。

邏輯人把三種方案的投資報酬率和優缺點做成一覽表進行說明，最後總結出的方向性為本季優先進行A案的商品開發，B、C兩案則留待下一季以後再著手進行。

邏輯人說法

思考的原則，務必讓聽眾能以寬廣的視野做出決定

提案時就算貿然告知：「這是唯一的方案！」聽眾將滿腹狐疑，且不禁反問：「沒有其他更棒的方案嗎？」相對於此，如果提出複數方案，聽眾便能一邊進行比較一邊思考。雖然結果為優先採行A案，不過要是只提出A案，我想勢必會被反嗆：「再去想想更棒的方案。」

切記！
邏輯思考
錦囊

說服用故事②解說型金字塔結構

◆必須費心準備說服用的故事時

向聽眾表達結論或主張時，如果突然遭到反駁，就得採用解說型金字塔結構加以說服。打個比方來說，假設狀況是一開始先告知結論：「國外旅遊建議去關島。」結果對方回嗆：「我討厭關島。」

突然遭人反駁時，得改用一開始便徵詢意見的方式，然後慢慢地加以說服，最後告知結論。比如詢問對方：「能請假最少天數，又能輕鬆出國的旅遊地點，你認為哪裡比較好？」以這種一起思考的姿態展開說服。至於進行說服的步驟，首先可列舉幾處候補的國外旅遊地點，做為「判斷素材」。舉凡歐美、較近的亞洲、海邊的渡假勝地等，都屬於國外旅遊的後補選項。下一個步驟為確認「判斷基準」（評估基準），比如接著說道：「因為想請最少天的假，所以便宜、距離近、時間短，應該比較好吧？」至於步驟三，則是說明「敲定內容」（做出決定）。如果決定：「符合便宜、距離近、時間短的關島，你認為如何？另外也很建議韓國或台灣。」這就是最終的結論或主張。

◆提出更好的解決方案

解說型的金字塔結構，可從各種選項中，提出更棒的解決方案，因此說服力極強。在此不妨以「建議於公寓飼養的寵物為何？」為例來思考看看吧。「判斷素材」包括小動物、觀賞魚、犬貓類等。接著提出「判斷基準」，比方說精神面、實務面、經濟面。

最後則做出決定，得到「敲定內容」。換句話說，就是以三種基準（精神面、實務面、經濟面），判斷小動物、觀賞魚、犬貓類等所有提出素材，然後做出結論。最後歸納出的結論為「建議的寵物為即使是獨居女性也有能力飼養的吉娃娃等小型犬」。

解說型金字塔結構

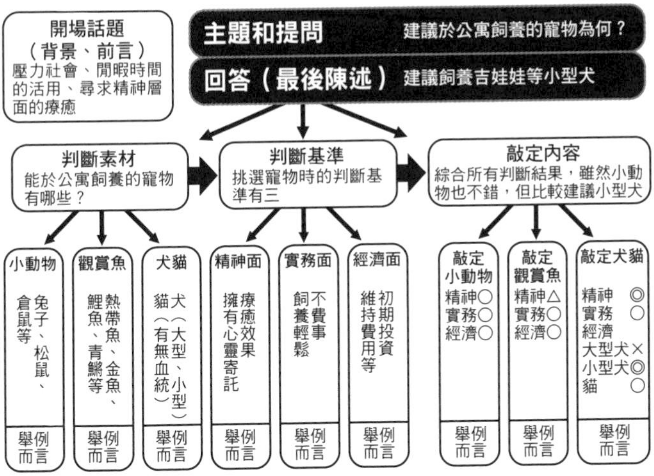

國家圖書館出版品預行編目資料

日本全能邏輯圖解大師的超・邏輯思考工作術 / 西村克己著 ; 簡琪婷譯. -- 初版. -- 臺北市 : 商周出版 : 家庭傳媒城邦分公司發行, 民106.09
224面 ; 14.8*21公分
譯自 : 論理的な「仕事のやり方」がわかる本
ISBN 978-986-477-288-9(平裝)

1.職場成功法

494.35　　106012445

日本全能邏輯圖解大師的超・邏輯思考工作術

突破自以為是的盲點，48個工作向上的最佳對策

原著書名／論理的な「仕事のやり方」がわかる本
原出版社／株式会社KADOKAWA
作　　者／西村克己
內文插圖／TARAJIROU
譯　　者／簡琪婷
企劃選書／劉枚瑛
責任編輯／劉枚瑛

版權部／吳亭儀、翁靜如
行銷業務／林彥伶、石一志
總編輯／何宜珍
總經理／彭之琬
發行人／何飛鵬
法律顧問／元禾法律事務所　王子文律師
出　　版／商周出版
臺北市中山區民生東路二段141號9樓
電話：(02) 2500-7008　傳真：(02) 2500-7579
E-mail：bwp.service@cite.com.tw
發　　行／英屬蓋曼群島商家庭傳媒股份有限公司城邦分公司
臺北市中山區民生東路二段141號2樓
讀者服務專線：0800-020-299　24小時傳真專線：(02)2517-0999
讀者服務信箱E-mail：cs@cite.com.tw
劃撥帳號／19833503　戶名：英屬蓋曼群島商家庭傳媒股份有限公司城邦分公司
訂購服務／書虫股份有限公司客服專線：(02)2500-7718；2500-7719
服務時間：週一至週五上午09:30-12:00；下午13:30-17:00
24小時傳真專線：(02)2500-1990；2500-1991
劃撥帳號：19863813　戶名：書虫股份有限公司
E-mail：service@readingclub.com.tw
香港發行所／城邦（香港）出版集團有限公司
香港灣仔駱克道193號東超商業中心1樓
電話：(852) 2508-6231　傳真：(852) 2578-9337
馬新發行所／城邦(馬新)出版集團
Cité (M) Sdn. Bhd. (458372U)
11, Jalan 30D/146, Desa Tasik, Sungai Besi, 57000 Kuala Lumpur, Malaysia.
電話：(603)9056 3833　傳真：(603)9056 2833
商周部落格：http://bwp25007008.pixnet.net/blog
行政院新聞局北市業字第 913 號

美術設計／簡至成
印　　刷／卡樂彩色製版印刷有限公司
經銷商／聯合發行股份有限公司
新北市231新店區寶橋路235巷6弄6號2樓
電話：(02)2917-8022　傳真：(02)2911-0053

■2017年（民106）09月05日初版
定價／300元
Printed in Taiwan
城邦讀書花園
www.cite.com.tw

ISBN 978-986-477-288-9

104台北市民生東路二段 141 號 9 樓

英屬蓋曼群島商家庭傳媒股份有限公司

城邦分公司

請沿虛線對摺，謝謝！

書號：BI7096　書名：日本全能邏輯圖解大師的超・邏輯思考工作術　編碼：

請於此處用膠水黏貼

商周出版

讀者回函卡

謝謝您購買我們出版的書籍！請費心填寫此回函卡，我們將不定期寄上城邦集團最新的出版訊息。

姓名：______________________　　性別：□男　□女

生日：西元________年________月________日

地址：______________________

聯絡電話：______________　傳真：______________

E-mail：______________________

學歷：□1.小學　□2.國中　□3.高中　□4.大專　□5.研究所以上

職業：□1.學生　□2.軍公教　□3.服務　□4.金融　□5.製造　□6.資訊

□7.傳播　□8.自由業　□9.農漁牧　□10.家管　□11.退休

□12.其他______________________

您從何種方式得知本書消息？

□1.書店　□2.網路　□3.報紙　□4.雜誌　□5.廣播　□6.電視

□7.親友推薦　□8.其他______________________

您通常以何種方式購書？

□1.書店　□2.網路　□3.傳真訂購　□4.郵局劃撥　□5.其他________

您喜歡閱讀哪些類別的書籍？

□1.財經商業　□2.自然科學　□3.歷史　□4.法律　□5.文學

□6.休閒旅遊　□7.小說　□8.人物傳記　□9.生活、勵志　□10.其他

對我們的建議：______________________

____

____

____

____

請於此處用膠水黏貼

Idea man

Idea man